Dr. Noiseの
『読む』
音の本

低周波音のはなし

公益社団法人
日本騒音制御工学会
［編］

落合博明
井上保雄
倉片憲治
森　卓支
［著］

技報堂出版

発刊にあたって

公益社団法人日本騒音制御工学会 図書出版部会では、これまで主に騒音や振動を専門とする方々に向けた書籍の編集・出版を行ってきました。しかしながら、もっと多くの人々に音や騒音、振動について興味を持っていただきたい、そしてそれが社会の音環境をよくすることにつながるはずと考え、このたび、
「Dr.Ｎｏｉｓｅの『読む』音の本」
という新たなシリーズを刊行することとなりました。

音にはさまざまな側面があります。騒音として多くの場合人から嫌われるものもあれば、私たちの生活になくてはならない音もあります。同じ音が、ある時は騒音でも、ある時ある人にとってはとても大切な音になることもあります。

そんな音のことを、このシリーズではいろいろな視点から眺め、解説していきます。時にはマニアックな話も出てきますが、興味や関心を拡げる気持ちで読んでみていただきたいと思います。

今回企画しているシリーズでは、音や振動の基礎についてわかりやすく解説する

ものを皮切りに、これまであまり一般書として採り上げられなかった内容や、音という視点からの解説がなされてこなかった分野を集め、なるべく具体的にわかりやすく紹介していきます。特に専門的な分野については、内容は同じでも書き方を変えるだけで多くの方々に興味を持っていただけることがたくさんあるのではないかという想いを持ち、誰にでも手に取っていただきやすい本を目指して執筆・編集しています。また専門家として考えると当たり前の事柄も、専門ではない人たちから見るととてもおもしろい出来事が世の中にはたくさんあるのではないか、という視点も大切にしていきたいと思います。

このため、時には縦書きの読み物風のものになるかもしれませんし、ある時は横書きの多少数式なども出てくる本になるかもしれません。わかりにくいところや少し専門的になるところはDr. Ｎｏｉｓｅが解説します。こぼれ話のようなものは二人の助手が解説します。

このシリーズが、皆様にとって音や振動の世界への入口になることを願っています。

二〇一四年　晩秋

公益社団法人日本騒音制御工学会　図書出版部会

第19期部会長　船場ひさお

公益社団法人日本騒音制御工学会図書出版部会名簿（第22期）

部会長　緒方　正剛　独立行政法人自動車技術総合機構交通安全環境研究所
副部会長　冨田　隆太　日本大学
委　員　井上　保雄　株式会社アイ・エヌ・シー・エンジニアリング
委　員　大内　孝子　株式会社建設環境研究所
委　員　落合　博明　一般財団法人小林理学研究所
委　員　門屋真希子　芝浦工業大学
委　員　倉片　憲治　早稲田大学
委　員　古賀　貴士　鹿島建設株式会社
委　員　武田　真樹　千代田化工建設株式会社
委　員　森　　卓支　合同会社モリノイズコントロールオフィス
委　員　安田　洋介　神奈川大学
委　員　山田　一郎　一般財団法人空港振興・環境整備支援機構
委　員　横島　潤紀　神奈川県

『低周波音のはなし』著者

落合　博明　前　掲
井上　保雄　前　掲
倉片　憲治　前　掲
森　　卓支　前　掲

もくじ

第４章　低周波音の測定・診断・対策　58

近年、「低周波」という言葉をよく耳にします。低周波音、低周波振動、低周波地震、低周波電磁波、低周波電磁界、低周波治療器、低周波マッサージ器などがあります。低周波とは読んで字のごとく、周波数が低いということです。

同じ「低周波」と名前が付けられていても、肩こりや腰の痛みなどを緩和する低周波治療器や、電線や電気製品から発する低周波電磁波は音とはまったく別のものです。治療器から発する信号や電磁波が、私たちの耳で直接、音として聞こえるわけではありません。

この本では、このうちの「低周波音」を取り上げます。第一章では、低周波音がどのようなものから発生するか、第二章では、人が低周波音をどのように感じ、どのような影響があるか（ないか）について解説します。第三章では、低周波音に関する噂や事例を紹介し、解説を加えます。第四章では、低周波音の測定の仕方や、問題が生じたときにどのように診断し、対策するかについて解説します。最後に、第五章では、低周波音の利用について紹介します。

聞き慣れない言葉も出てくるかもしれませんが、Dr.Noise、助手の静さん、騒太くんと一緒に、低周波音について考えてゆきましょう。

はじめに

低周波音と超低周波音

■低周波音とは？

私たちの身のまわりには、さまざまな周波数（高さ）の音があふれています。しかし、そのすべてが聞こえるわけではありません。通常の音の強さで私たちが聞き取れる音の周波数範囲は二〇～二万ヘルツ（Hz）といわれています。周波数が二万ヘルツをこえると高すぎて聞こえませんし、二〇ヘルツを下回ると低すぎて聞こえません。

ただし、聞こえる音の周波数範囲は音の強さにも依存します。たとえば、音の強さ（音圧レベル）を一〇〇デシベル（dB）くらいまで上げれば、二〇ヘルツより低い周波数でも聞くことができるようになります。もっとも、二〇ヘルツより低い周波数は、「聞く」というよりは「感じる」といったほうがよいかもしれません。

我が国では一～一〇〇ヘルツ未満程度の周波数の音波を低周波音と呼んでいます。二〇～二万ヘルツ程度が騒音の周波数範囲なので、二〇～一〇〇ヘルツ未満程度の周波数範囲は騒音と低周波音が重複しています。一〜二〇ヘルツの音波を超低周波音と呼ぶことは、国際的に統一されています。海外では、国によっては低周波騒音という場合もあります。また、国によって低周波音の周波数範囲が異なります。

なお、本書では、我が国での一般的な呼び方にならって、一〜一〇〇ヘルツ未満の音波を「低周波音」と呼び、周波数で一〜二〇ヘルツの音波に限って言及する場合に「超低周波音」という用語を使用することとします。

Dr.Noiseの解説

諸外国における低周波音の周波数範囲は、スウェーデンでは三一・五〜二〇〇ヘルツ、ポーランドでは一〇〜二五〇ヘルツ、オランダでは二〇〜一〇〇ヘルツ、デンマークでは一〇〜一六〇ヘルツ、ドイツでは八〜一二五ヘルツとなっていて国によってまちまちなんじゃ。

ポルターガイストか低周波音か？

■雨が降ると戸や窓がガタガタ

東北のある山間の村で、大雨が降ると窓や障子がガタガタと音をたてるという奇怪な現象が発生しました。まわりはたいへん静かで、工場や大きな道路など振動が発生するようなものはありません。亡くなった人の霊が訪ねてきたのではないかとか、地滑りの予兆ではないかといったさまざまな噂が流れました。

なかなか原因がわかりませんでしたが、しばらくして、音の専門家に調べてもらったところ、近くの川に設置された堰《せき》が原因だということがわかりました。

雨が降ると近くの川の水量が増え、堰から流れ落ちる水が幅広い膜を形成します。ある条件になったときに、この膜がまるで大きなスピーカーのように振動することにより低周波音が発生していました。堰で発生した低周波音が民家まで伝わり、戸や障子をがたつかせていたのです。

紹介した事例は新聞で大きく取り上げられたものですが、同様の事例は全国各地で報告されています。

■朝起きると仏壇の位牌の向きが変わっている‼

朝起きると、仏壇の位牌が向きを変えている。怪奇現象ではないかとマスコミ等で話題になりました。よくよく観察すると、動いているのは位牌だけでなく、仏壇の造花も部屋の障子も振動していました。

家のまわりを調べたところ、近くの工場でゴム系の物質を搬送するために設置されている機械（振動コンベア）の稼働と現象の発生が時間的に一致していました。調査の結果、振動コンベアから一六ヘルツの大きな低周波音が発生し、工場建屋の壁を透過して民家に伝搬し、位牌、造花、障子を振動させていたことがわかりました。

低周波音は、よほど高い音圧レベルでないと人には感じられません。しかし、揺れやすい建具では、人が感じるより低い音圧レベルで振動することがあり、音が聞こえないのに建具がガタつくことで、大騒ぎになったと考えられます。

■マンション最上階の怪奇現象

あるマンションの最上階の住戸で、怪奇現象が起こりました。棚のお皿が飛び出したり、階段を上がる靴音が天井から聞こえたりするというのです。ある「専門家」が低周波音が原因だと発言して、話題になりました。

しかし、大きな地震でもないと、棚のお皿が飛び出すくらい建物が振動することはありません。仮に低周波音が原因だとすれば、かなり大きな音圧が発生しているはずです。低周波音は波長が長いですから、その影響は最上階の住戸だけに留まらず、マンション全体、あるいは周辺の家屋にも及ぶでしょう。さらに、お皿が飛ぶだけでなく、窓や戸が大きな音を立ててガタガタと振動することでしょう。

階段を上がる靴音が天井から聞こえてくるというのは、一般のマンションでも経験することです。コンクリートの階段を底の硬い靴で上がる場合、その振動が建物の中を伝わり、住戸の壁や天井から音としてふたたび放射されることがあります。このような音を固体音または固体伝搬音といいます。階段の歩行音は周波数が高いので、低周波音ではありません。これと同じような固体伝搬音の例としてベランダでの歩行音があります。隣接したお宅でベランダを木のサンダルで歩いた音が、天井から聞こえてきたことはありませんか？

このように、ちょっとした誤解や不安が増幅されると、話が大きくなってしまうこともあるようです。ちなみに、この「専門家」の方は音の専門家ではなかったとのことです。

1 低周波音とは何か——低周波音の物理

Ⅰ節　あなたのまわりにも低周波音が!!

■低周波音はどこにでも存在する

音がどこにでも存在するように、測定をすれば低周波音もいたるところに存在します。あなたのまわりにも低周波音は存在しています。

もし低周波音を感じなくても、何も心配することはありません。私たちの耳は、音の周波数が低くなるにつれて感度が急激に悪くなりますので（三〇頁参照）、低周波音があってもほとんどその存在に気づかないことが多いのです。つまり、「感覚的には」低周波音はないと思っているのです。

とくに、周囲に他の騒音があると低周波音をなかなか感知できません。しかし、周囲の騒音がさほど大きくなく、数十ヘルツ以上の周波数域の低周波音で音圧レベルがとても高い場合は、低周波音を感じられる（あるいは聞き取れる）ことがあります。プールの機械室や建物のボイラー室、空調室外機、冷凍機の近くなどで、低い音を感じたことはありませんか。

皆さんが通勤や買い物で利用しているバスの車内でも、ディーゼルエンジンから発生する九〇デシベルをこえるような低周波音が観測されることがあります。また、ビルや地下街などでもボイラーや送風機等から発生する九〇デシベルをこえるような低周波音が観測される場所もあります。

このように低周波音は生活環境のいたるところに存在しますが、問題となるような大きさの低周波音は稀《まれ》にしか存在しないので、日ごろ低周波音の存在を感じないのかもしれません。

■自然界に存在する低周波音

自然界に存在する低周波音というと、滝壺に勢いよく落ちる滝の轟《とどろき》や、嵐のときに大波が防波堤にぶつかる音、火山の爆発や雷などを思い浮べる方も多いと思います。

一九八六年一一月に発生した伊豆大島三原山の噴火に伴う低周波音（当時は低周波空気振動と呼ばれていました）では、関東地方の各地で、建物の窓ガラスや雨戸など屋外に面した建具の揺れや、襖《ふすま》など屋内の建具のがたつきが発生しました。また、三原山から約五〇キロメートル離れた千葉県館山市では、噴火音とともに家全体が揺れたとの報告がなされています。

千葉県市原市で低周波音の測定器を用いて、噴火に伴う低周波音の測定が行われました。それによると、一・一ヘルツ付近に卓越成分をもつ九〇デシベルをこえる衝撃性の低周波音が一分間に八回程度の割合で繰り返し観測され、最大音圧レベルは一一三デシベルであったとのことです。

■低周波音を簡単に体験するには

人の音に対する感度は周波数が低くなればなるほど悪くなりますので、よほど大きな低周波音でないと感じることはできません。

簡単に低周波音を体験するには、車の窓を数センチほど開けて高速道路を走行してみて下さい。十数ヘルツで一一〇デシベル程度の超低周波音を体感できます。

このくらいの周波数ですと、音が聞こえるというよりは「ボッボッボッ」といった鼓膜を押されるような感覚を生じるのではないかと思います。

瓶の口を吹くと「ブォーッ」と音がしますが、低周波音の発生メカニズムも、それと同じ原理です。瓶の吹き口と瓶の内部の空洞で共鳴器が形成されます。窓を開けて高速走行する車では、窓の開口部が瓶の口に、車内が瓶の内部の空洞に相当します。

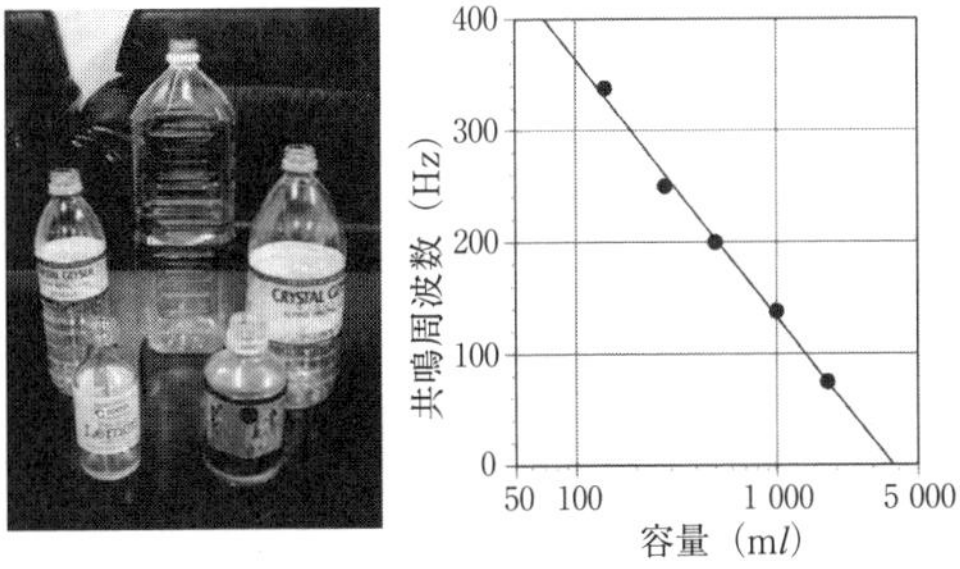
共鳴周波数（Hz）
400
300
200
100
0
50
100
1 000
5 000
容量（ml）

ボトルの容量と共鳴周波数の関係

＊飲料水の瓶やペットボトルの口を吹いて音を発生させる実験をしてみました。清涼飲料水の小さな瓶からボトルの大きさを大きくしてゆくと、発生する音の周波数がだんだん低くなってゆきます(上図)。

■楽器で出せる低周波音

　低周波音は、音楽でも頻繁に使われています。たとえば、もっとも身近な楽器であるピアノには、通常、八八個の鍵盤があります。その左端の鍵盤、いちばん低い音の周波数は二七・五ヘルツです（上図）。ピアノによっては、さらにそれよりも低い鍵盤が用意されたものもあります。また、パイプオルガンでも同様に、二〇ヘルツを下回る低い音を出せるものがあるそうです。

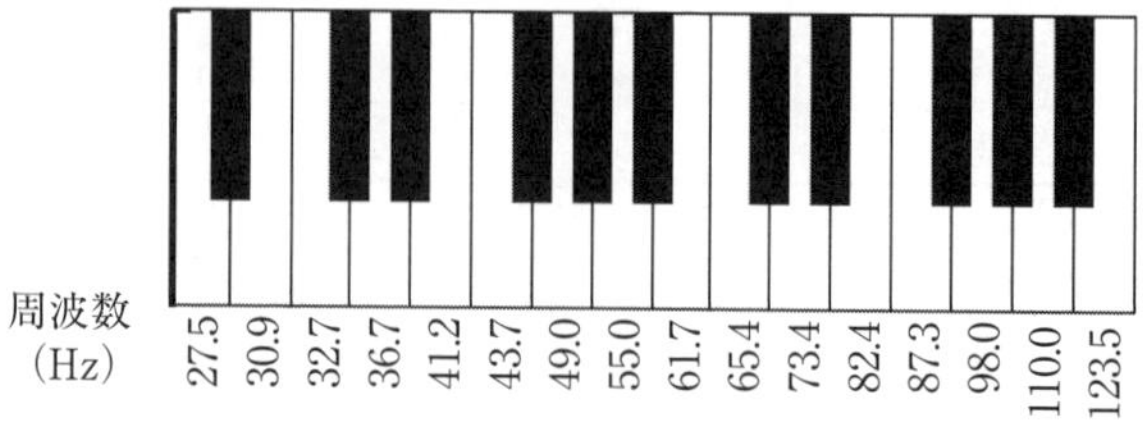
周波数
(Hz)
27.5
30.9
32.7
36.7
41.2
43.7
49.0
55.0
61.7
65.4
73.4
82.4
87.3
98.0
110.0
123.5
ピアノの左端の鍵盤

　ただし、ピアノの場合、音に含まれるもっとも低い周波数成分（基音）は、あまり強くありません。私たちの耳には、むしろその倍音成分が聞こえているようです（それでも、聴覚の働きにより、基音のピッチを聞き取ることができます）。

　また、楽器を使わなくても、大人の男性であれば、一〇〇ヘルツより低い声を出せる人は珍しくありません。試しに、ピアノの鍵盤を一つずつ弾きながら一緒に声を出して、どこまで低い声が出せるか試してみるとよいでしょう。へ音記号で書かれた五線譜で、その一番下の線（第一線）上にあるソの音の周波数が約九八ヘルツです（下図）。ここまで下がってこられれば、あなたも自分の声で低周波

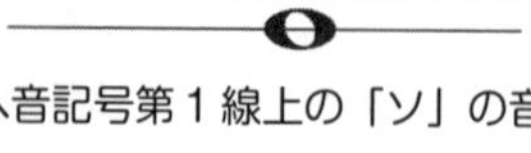
へ音記号第１線上の「ソ」の音

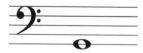

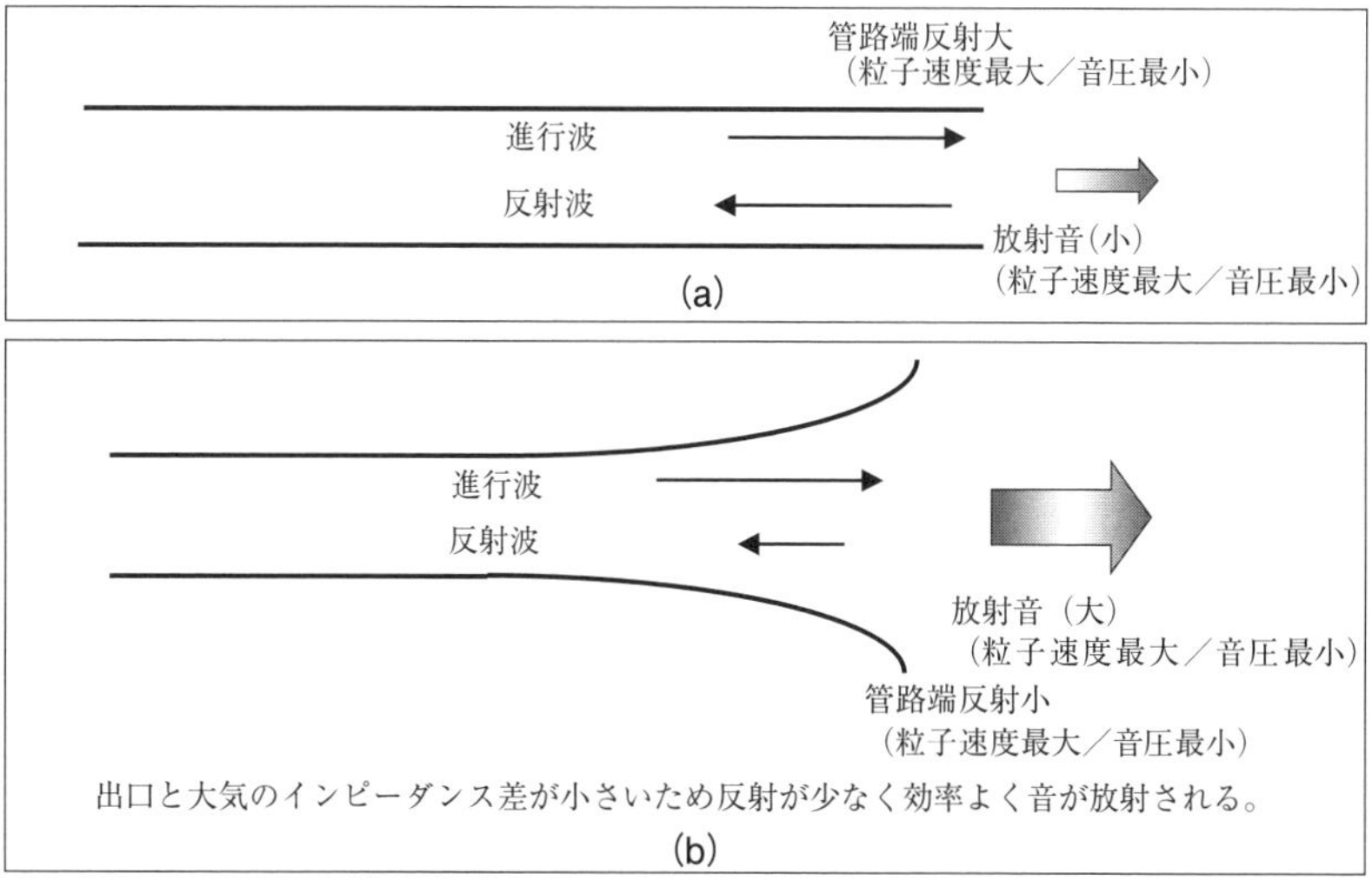
管路端反射大
（粒子速度最大／音圧最小）
進行波
反射波
放射音（小）
（粒子速度最大／音圧最小）
(a)
進行波
反射波
放射音（大）
（粒子速度最大／音圧最小）
管路端反射小
（粒子速度最大／音圧最小）
出口と大気のインピーダンス差が小さいため反射が少なく効率よく音が放射される。
(b)

管路端での音の反射

音が出せたことになります。

　低音域をまかなう管楽器のチューバ（下図）は中高音域担当のフルートに比べて形状が大きいです。管楽器のような管内で気柱を共鳴させて音を発生させるものは、波長が長い低い音を発生させるために、管の長さが長くならざるを得ません。

　一般に、低い周波数の音を発生するものは寸法が大きくなります。オーディオ用スピーカー（下図）でも低音用は大きくなります。

　なお、管内を伝わる音の波長が管の直径に対して長い場合は、上図(a)に示すように管端の開口部分で音が反射し、上流へ押し戻されます。低周波音のように音の波長が長い場合、大部分は管の端で押

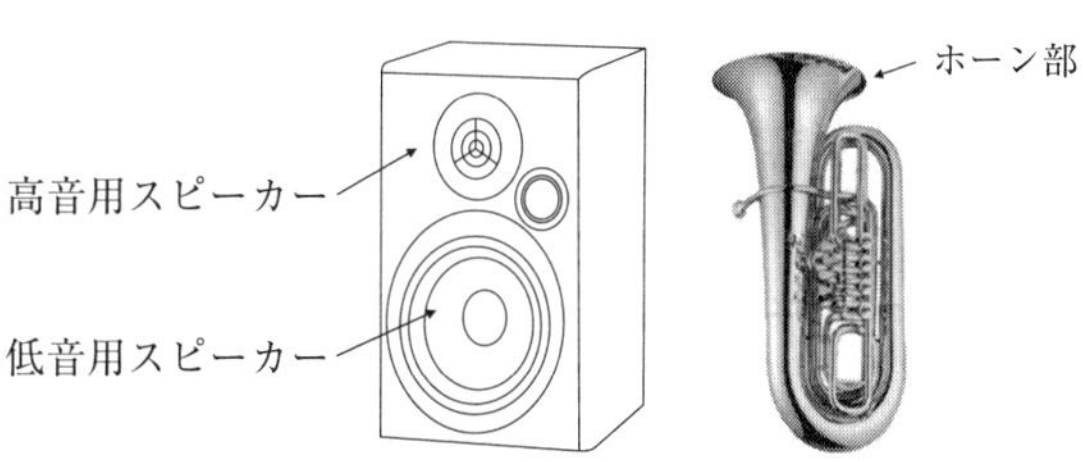
高音用スピーカー
低音用スピーカー
ホーン部

オーディオ用スピーカー　　チューバ

し戻され、管路端開口部から音が放射される効率が悪くなります。このため、前頁図(b)に示すように管の端を徐々に広げたホーン形状にして開口部を大きくし、管路端での音響抵抗を減らして放射効率を上げなければなりません。

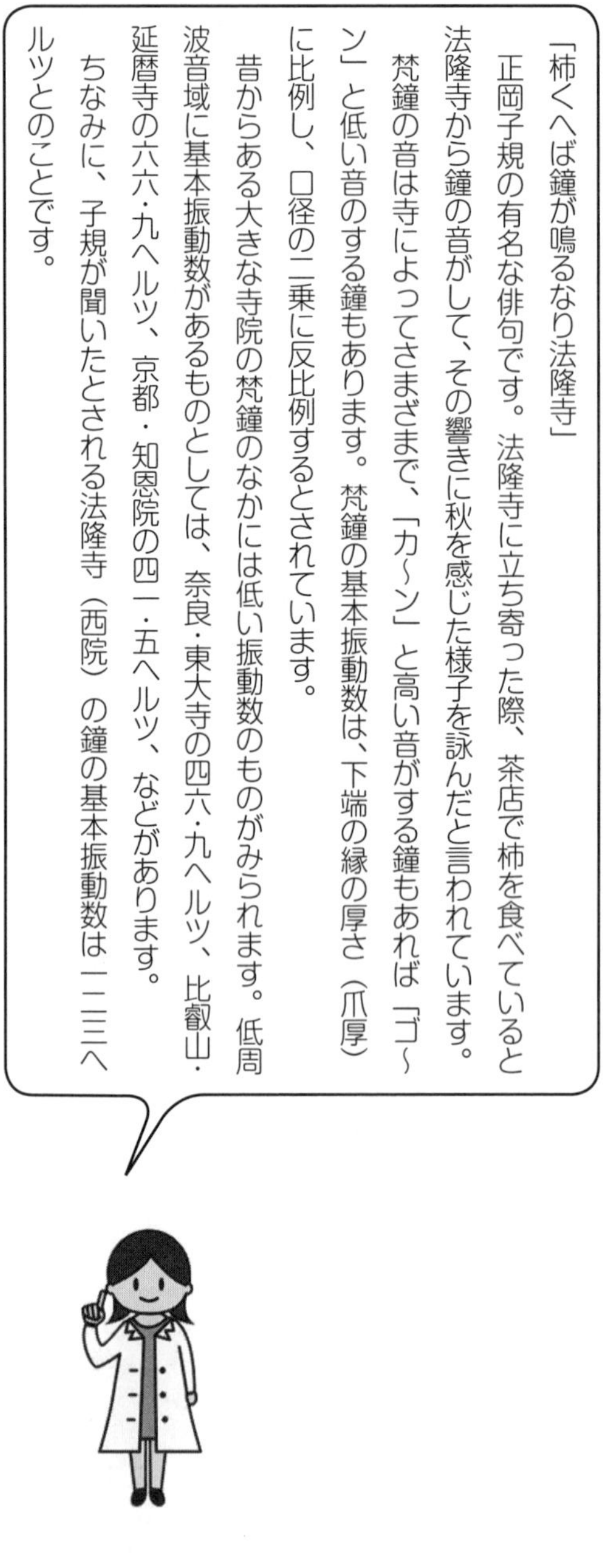
「柿くへば鐘が鳴るなり法隆寺」

正岡子規の有名な俳句です。法隆寺に立ち寄った際、茶店で柿を食べていると法隆寺から鐘の音がして、その響きに秋を感じた様子を詠んだと言われています。

梵鐘の音は寺によってさまざまで、「カ～ン」と高い音がする鐘もあれば「ゴ～ン」と低い音のする鐘もあります。梵鐘の基本振動数は、下端の縁の厚さ（爪厚）に比例し、口径の二乗に反比例するとされています。

昔からある大きな寺院の梵鐘のなかには低い振動数のものがみられます。低周波音域に基本振動数があるものとしては、奈良・東大寺の四六・九ヘルツ、比叡山・延暦寺の六六・九ヘルツ、京都・知恩院の四一・五ヘルツ、などがあります。

ちなみに、子規が聞いたとされる法隆寺（西院）の鐘の基本振動数は一一三ヘルツとのことです。

■ジョギングをすると超低周波音が生じる!?

海外のある研究によると、超低周波音（infrasound）は人の活動によっても発生するという結果が報告されています。

通常、人は微小な圧力の変化を鼓膜で音として感じますが、この報告では、人が運動することによって鼓膜のところで生じる微小な圧力変化を算定しています。

これによると、人が頭を一五センチメートル上下するジョギングでは二～四ヘルツで九〇デシベルの低周波音に、ブランコに乗っている子供は〇・五ヘルツで一一〇デシベルの低周波音に曝《さら》されているといいます。また、水泳のクロールでは耳を水中と空中に交互に振るので、そのときの低周波音は〇・三～〇・七ヘルツで一四〇デシベルの音圧レベルに相当するとしています。

さらに、血液の循環や筋肉の運動によって発生する生理的な低周波音は、一六～二〇ヘルツで七五デシベルになるとされています。

このように、人は日常的にこれらの低周波音に曝されています。人間の生理機構は、これらの低周波音に対して損傷されることなく長い間もちこたえられるようになっているということがわかります。

＊ジョギングしても、低周波音を感じないよ。

Ⅱ節　低周波音の音源

低周波音の音源と発生メカニズム

音波は、空気の微小な圧力変動が音速で伝わる現象です。音波は外耳道を通り鼓膜を振動させ、聴神経等を介して脳に伝わり、我々はそれを音として知覚します。大気中の空気に圧力変化を生じさせる何らかの要因があれば音波が発生します。

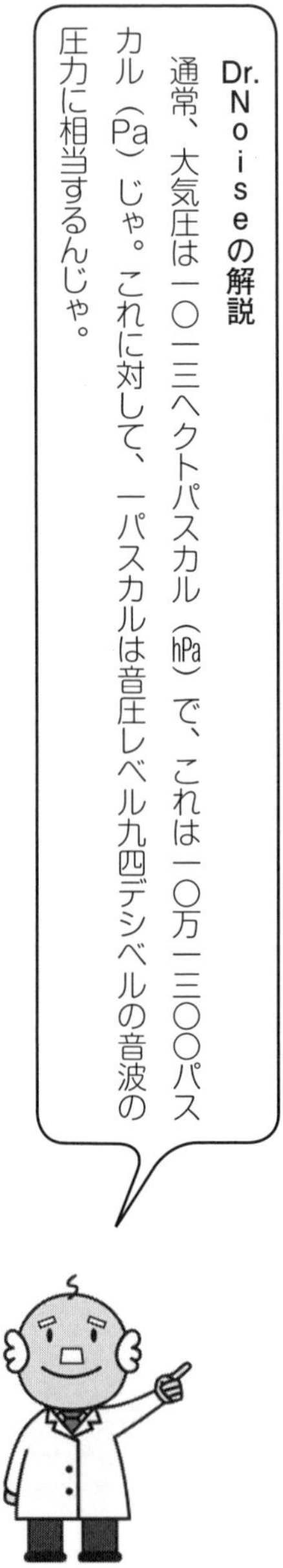
Dr.Noiseの解説
通常、大気圧は一〇一三ヘクトパスカル（hPa）で、これは一〇万一三〇〇パスカル（Pa）じゃ。これに対して、一パスカルは音圧レベル九四デシベルの音波の圧力に相当するんじゃ。

低い周波数域の音波は、身のまわりにある多くの機械・施設から発生します。ただし、これらの機械・施設から発生する低周波音が常に問題になるということではありません。

音圧レベルの大きさや変動の仕方、周辺の状況等により問題になる場合もあるということです。大きな低周波音は、大型の構造物、大型の機械や施設から発生しやすいようです。

それでは、どのように発生するか、個々の機械・施設と関連付けて説明します。

橋梁から発生する低周波音

■平たい面が振動すると低周波音が発生

板や膜などの振動により、その表面に微小な空気の圧力変動が生じ、面の振動数に相当する周波数の音波が発生します。これは、スピーカーから音波が放射される機構と同じです。放射効率は放射面の寸法（面積）と振動面の振幅に関係します。面と振幅が大きいと効率的に低周波音が放射されます。低音用のウーハースピーカーの大きさが、高音用のツィータースピーカーより大きいのは、このような理由によるものです。

このような発生機構で低周波音を発生する可能性のある機械・施設には、橋梁《きょうりょう》、大型振動ふるい（類似のものとして振動乾燥機、振動コンベアなど）、変圧器などがあります。

橋梁は床版を繋《つな》ぐ櫛の歯状の鋼製フィンガージョイントなどの段差、隙間などを自動車が通過するとき、衝撃によって橋が加振され、床版の振動により低周波音を発生させることがあります（前頁図）。

一九七〇年代、高速道路の橋梁を大型車が通過する際に、周辺の家屋から「窓ががたつく」、「ドンドンと低い音がする」といった苦情が寄せられました。これに対して、床版を厚くする、ジョイント部を平滑化するといった対策を行い、苦情は少なくなりました。

Dr.Noiseの解説

扇子やうちわで扇ぐと風（空気の移動）は発生するが、空気の圧力変動を伴わないので、音波はほとんど発生しないんじゃ。

■空気の圧縮・膨張に伴い低周波音が発生

気体の容積変化を伴う機械は、機構的に圧力の変動を生じます。この場合、変動の周期によって基本周波数が決まり、機械の型式、シリンダ数などで卓越の度合いが異なります。

このような発生機構で低周波音を発生する可能性のある機械・施設には、往復式圧縮機（レシプロコンプレッサー）、ディーゼル機関（ディーゼルエンジン）などがあります。

往復式圧縮機は、シリンダ内のピストンの往復運動によって、空気など気体の圧

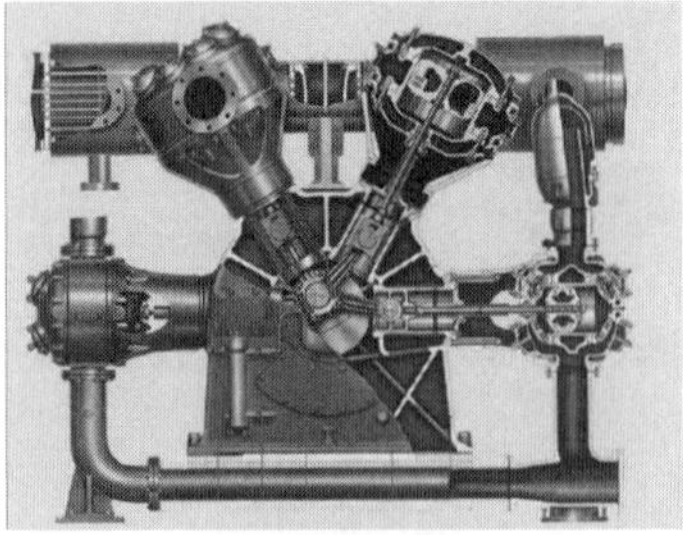

往復式圧縮機

力を高める装置です。前頁の図は、四気筒の往復式圧縮機です。シリンダ内のピストンが先端方向に移動すると、シリンダの上部の空気が圧縮されます。ピストンが逆方向に移動するとシリンダ下部の圧力が高まります。この現象が、回転に伴い四つのシリンダーで繰り返されます。これらの圧力の変化の周期が、低周波音の卓越周波数成分として観察されます。このような往復式圧縮機は、石油・化学プラントなどで広く用いられています。

ディーゼル機関の低周波音発生機構も、往復式圧縮機とほぼ同じです。低周波音の発生源には、これらを用いた発電装置、ディーゼル機関を駆動源にしている船舶、建設機械、トラックなどがあります。

■物が燃えると低周波音が発生

燃焼の時間的変動に伴って、低周波音が発生することがあります。このような原理で低周波音を発生する可能性のある機械・施設には、ボイラー、加熱炉、熱風炉、焼結炉などがあります。

ボイラーは燃焼熱を水に伝えて蒸気を発生する装置で、バーナーと火炉、管路（水を蒸気に変える）、空気を供給する送風機などから構成されています（下図）。ボイラーはこのほかに、蒸気の温度を上げるための加熱器や再熱器などの付属装置を付けて熱利用の高効率化を図る場合があります。また、火炉や煙突などの気柱共鳴によって音が増幅されることもあります。

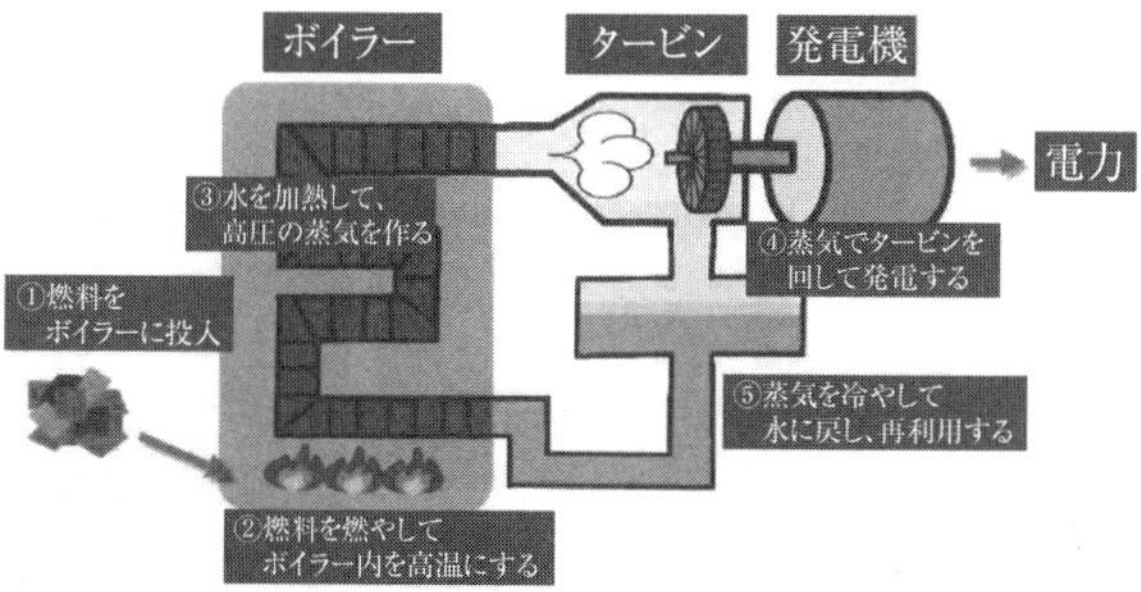

ボイラー

Dr. Noiseの解説

火炉からは熱が原因で、再熱器からは気流が原因で、低周波音を発生することがあるんじゃ。

■空気の流れから低周波音が発生

ジェット排気流などの高速流が周囲の静止空気と混合するときに発生する渦に起因して音波が発生します。静止空気との速度差が大きい吹き出し口の近くでは小さい渦ができ、高い周波数の音波が発生します。吹き出し口から遠ざかるにしたがって大きな渦になり、発生する周波数は低くなります(上図)。また、流れの中に物体がある場合、物体の後方で発生するカルマン渦、あるいは流れに起因し発生する構造物の振動などにより、低周波音が発生することもあります。

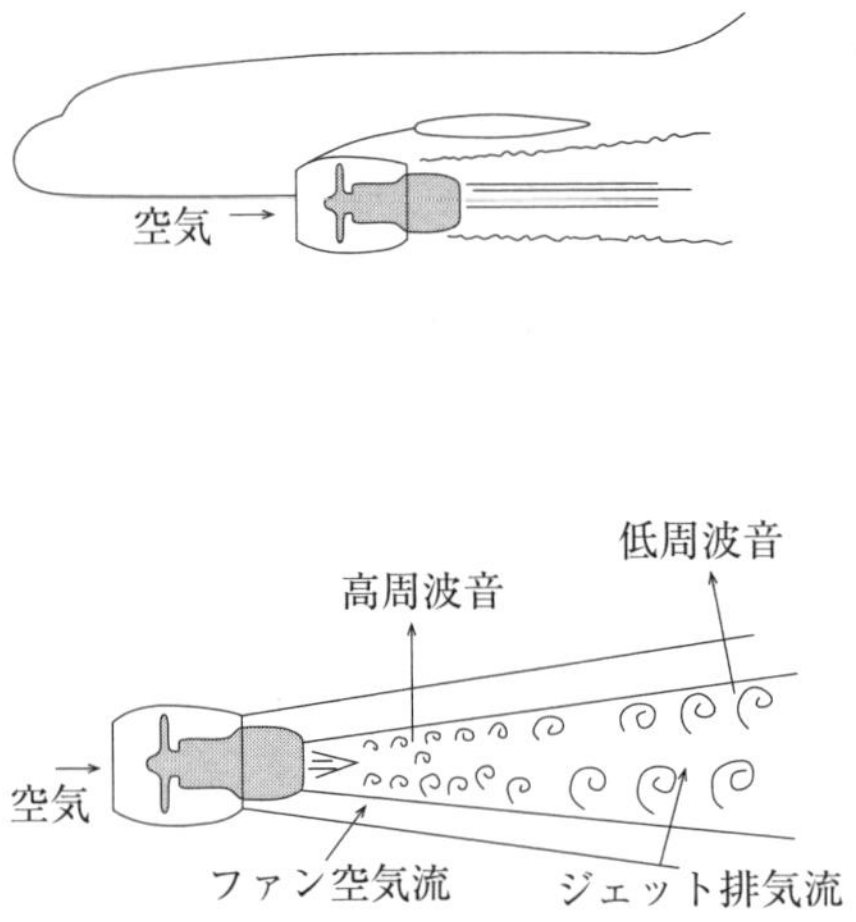

ジェット機からの低周波音

　これらの発生機構で低周波音を発生する可能性のある機械・施設には、

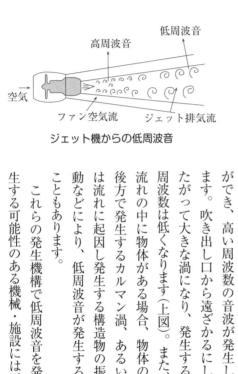

ジェットエンジンを搭載した航空機、ガスタービンを搭載した発電装置や船舶などがあります。

Dr.Noiseの解説

カルマン渦とは、流れのなかに障害物を置いたとき、または流体中で棒のような物体を動かしたときに、その後方に交互にできる渦の列のことをいうんじゃ。

■空気が急激に圧縮・解放されると低周波音が発生

トンネル掘削時の発破などは火薬の爆発に起因して直接的に空気の圧力変動を生じ、低周波数成分を含む音波を発生させます。また、高速で列車がトンネルに突入する場合、トンネル内の空気は圧縮され、圧縮波が生じます。この圧縮波はトンネル内を出口方向に向かって伝搬しますが、圧縮度の大きい波頭は伝搬速度が速いため、トンネル内を進行するにつれて波の前面が切り立った形になり、低周波数成分を含む衝撃的な音波が出口側から発生することがあります。

新幹線博多開業のため、一九七四年秋に訓練運転が岡山以西で開始されました。その際、列車が高速でトンネルに突入した後、反対側の坑口（出入口）で突然大きな音がすると同時に、坑口周辺の住居の雨戸や建具ががたつくという現象が発生しました。現在は、開口部のあるフードを列車突入側の坑口に設置し、突入時に発生するトンネル内空気の圧力上昇を緩やかにするなどの低減対策がなされています。

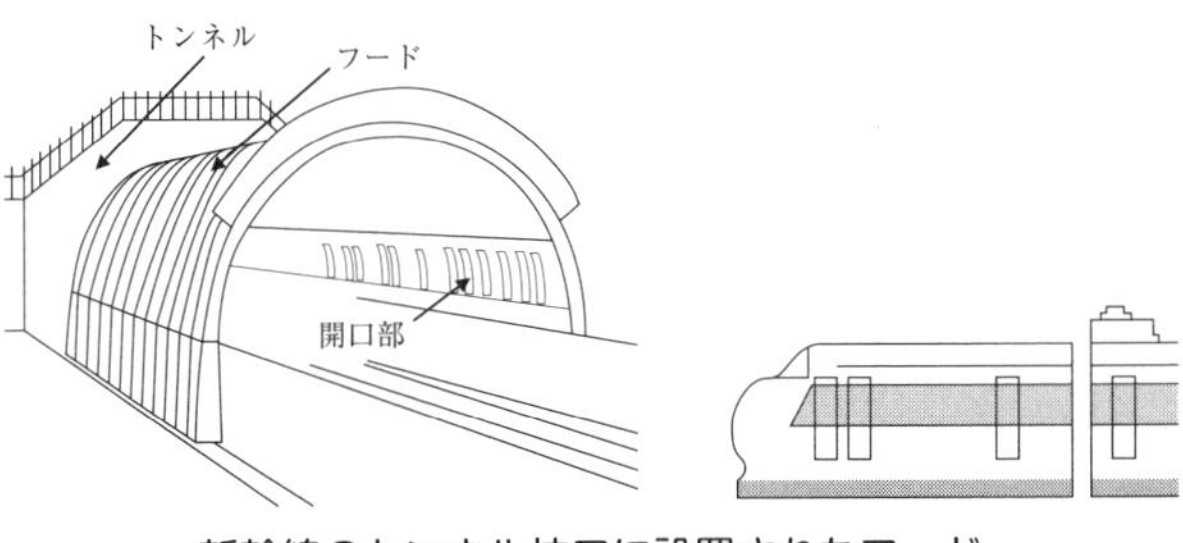

新幹線のトンネル坑口に設置されたフード

大型コンプレッサ2台稼働時の30m離れた地点での
干渉によるレベル変動測定例とシミュレーション例

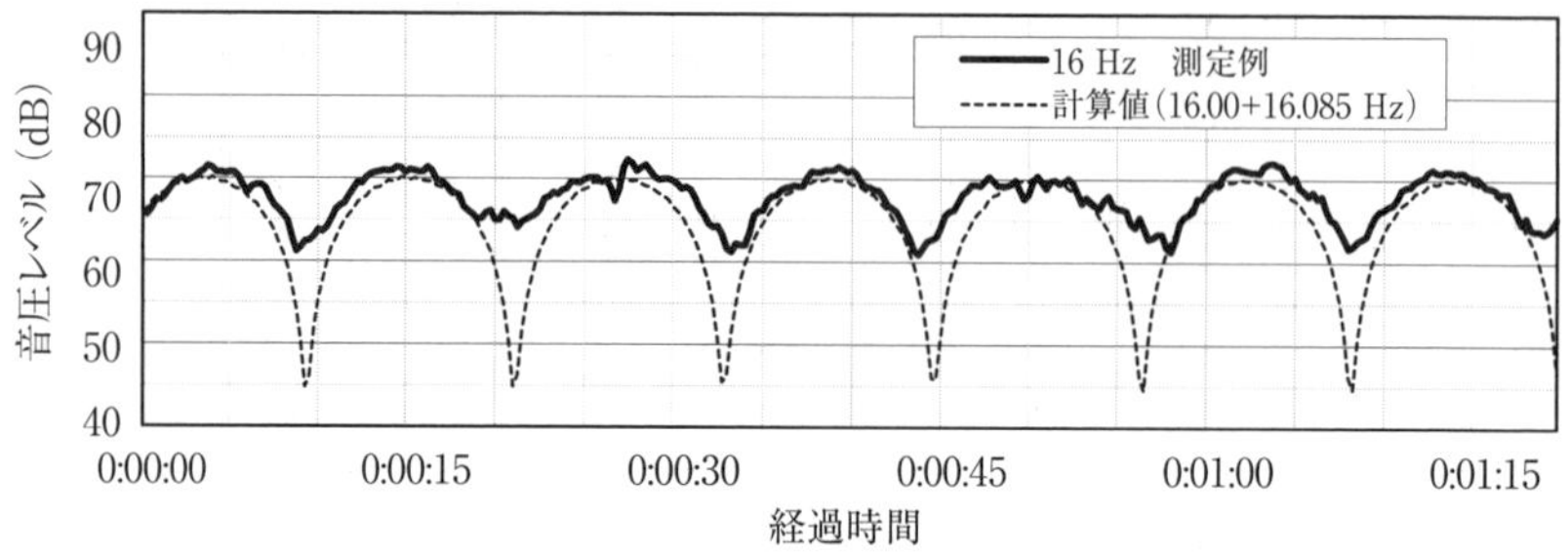

低周波音のうなり

Dr.Noiseの解説

トンネル掘削時の発破による低周波音に対しては、重量遮音壁、干渉・共鳴などの音響原理を応用した低減装置、低騒音制御発破などの対策をしとるんじゃ。

■音が大きくなったり小さくなったり

低周波音の苦情申立者宅に測定に行くと、「今日は音が小さい」といわれることがよくあります。

本人の主観的な感覚にすぎないことが多いのですが、振動ふるいやコンプレッサーなど大型機器の低周波音源が複数ある場合、実際に測定してみると低周波音の音圧レベルが時間とともに大きく変化していることがあります。その原因として以下のようなことが考えられます。

同一の音源が複数あると各機器の負荷のわずかな変動によって負荷に応じたわずかな周波数の差を生じ、二つの音波の干渉により音のレベルが変動して「うなり」を生じます。

前頁図は二台の大型コンプレッサー（一六ヘルツ）が稼働している状態で、三〇メートル離れた地点において実際に測定した例です。図中の実線で示すように、二台のわずかな周波数の違いにより音圧レベル変動（うなり）が発生しています。図中の点線は、二台のコンプレッサーの干渉によるうなりをシミュレーションしたものです。基本周波数一六ヘルツでは、うなりの周期は約一二秒で、二台の発生周波数の差は〇・〇八ヘルツとなり、基本周波数との比は一・〇〇五三です。一〇〇ヘルツの場合では、同じ周波数比でもうなりの周期は約二秒と短くなります。

超低周波音では、うなりの周期が数分から数十分に及ぶ実測例もありました。

実際には、音源となる発生機器は常に負荷が安定しているわけではなく、負荷に応じて周波数がわずかに変動するため、このような単純な音圧レベル波形でないこともあります。また、発生機器が二台以上の場合はもっと複雑な変動を示します。

Ⅲ節　低周波音を発生させるのは大がかり

低周波音を発生させるには?

■低周波音の発生装置

低周波音の聞こえを測定するには、特殊な実験室を使用します。茨城県つくば市の産業技術総合研究所（産総研）にある実験室は、縦二・五メートル×横三・〇メートル×高さ二・六メートルほどの大きさの部屋です（下図）。一つの壁に縦横四個ずつ、計一六個の大型スピーカーが埋め込まれています（下図ⓐ）。それを同期して駆動することで、壁全体が前後に振動しているような状態を作り出します。これによって部屋の容積が大きくなったり小さくなったりしますので、その気圧の変化が私たちの耳には音として聞こえます。

このような圧力変化を実現するために、実験室の入口の扉は小さく、密閉できるようになっています。また、部屋自体が振動しないように、壁は厚さ二〇センチメートルのコンクリートでできています。部屋の振動が外部に伝わってはいけませんので、実験室は防振ゴムに載せて建物

(a)　壁面に、縦横4個ずつ、計16個のスピーカーが埋め込まれている。

(b)　実験中の参加者の様子。

産総研の低周波音実験室

の床から浮かせてあります。すなわち、部屋の中にもう一つ頑丈な部屋がある、といった作りになっています。

このような仕組みによって、この低周波音実験室では一〇ヘルツまでの低い音を、最大約一一〇デシベルで出力することができます。もちろん、これよりも低い周波数の音が出力できないわけではありません。しかし、人に聞こえる音にするためにはスピーカーの振動板をさらに大きく動かさなければならないため、スピーカー自体が耐えられなくなってしまいます。

産総研のこの実験室では、低周波音の聞こえの評価に必要なデータを得るために、さまざまな聴取実験が行われています。二八頁の聴覚閾値の加齢効果や環境省の参照値（六四頁参照）を定める根拠となった測定データも、この実験室で収集されたものです。

■移動型の低周波音発生装置

前節のような屋内の実験室では、大型のスピーカーや大型の振動板を駆動させて、室内の密閉された空間の体積をわずかに変化させることにより、大音圧の低周波音を発生させています。しかし、屋外ではこのような方法で大音圧の低周波音を発生させることができません。とくに、二〇ヘルツ以下の超低周波音を発生させることは容易ではありませんでした。

そこで、近年、屋外で大音圧の超低周波音を発生させる装置が小林理学研究所で開発されました。屋外用超低周波音発生装置（下図）は、五・二メートル×二・二メートル×二・五メートルの大きな直方体の箱の開口部に向かい合って設置した二枚の振動板を逆位相で駆動させることにより超低周波音を発生させます。この装置を用いると、五〜二〇ヘルツの周波数で、音源から三メートルの距離で最大一一〇デシベルの低周波音を発生させることができます。

この装置は、四トントラックに積んで移動させることができるので、現場で低周波音を発生させて、建具の揺れやがたつきの状況や低周波音の家屋内外レベル差を実験的に把握することができます。

超低周波音発生装置

2 低周波音の聞こえ——低周波音の心理

低周波音の知覚と心身の反応

■低周波音にとくに敏感な人はいるのか？

低周波音の感じ方には個人差があります。低周波音の閾値を測定すると、人によってプラスマイナス一〇デシベル程度の違いがあります。その様子を下図に示します。

ただし、これは、閾値よりも小さなレベルの低周波音でも聞こえる人がいる、ということではありません。その人にとって音が聞こえる限界が閾値であり、その閾値が個人個人で若干異なるということです。諸外国の研究でも、閾値を下回る小さな低周波音では、聴感上の影響は生じない点で結果は一致しています。

なお、低周波音が〝聞こえるかどうか〟ということと、それが〝気になるかどうか〟ということは異なります。微《かす》かに聞こえる小さな低周波音でも〝気になる〟という人もいれば、大きな低周波音でも〝気にならない〟という人もいます。そのような意味でも、低周波音の感じ方は個人差が大きいと言えます。

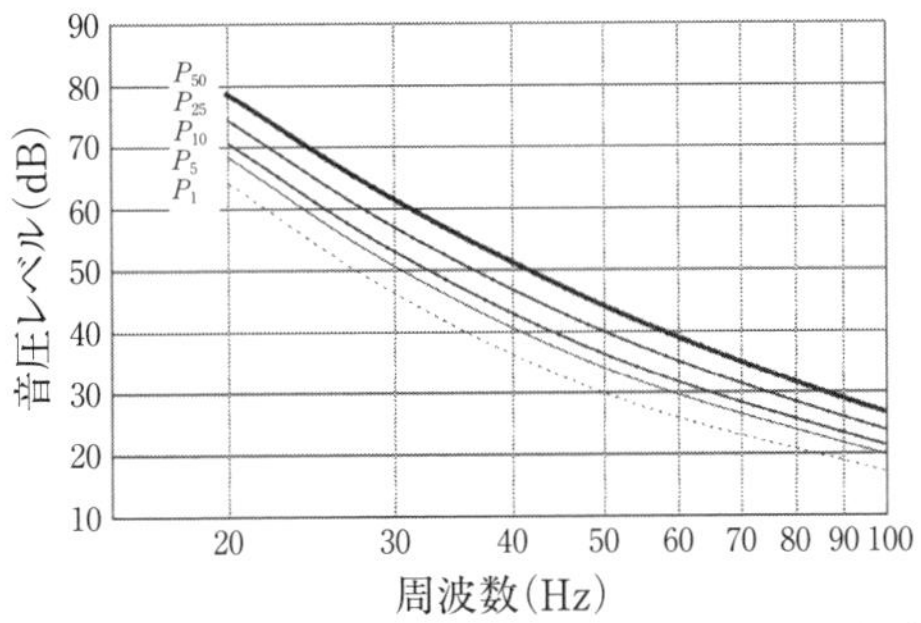

P_x：xパーセンタイル。たとえば、P_1は100人に1人の割合で存在する、聴力のよい人の閾値。

低周波音に対する閾値の個人差分布

また、低周波音も含め、騒音に悩まされて常にまわりの音を気にかけている人は、そうでない人に比べて、小さい音でも感じると〝気になる〟と訴える傾向が強いようです。

■低周波音に長期間曝露されると耳の感度がよくなるのか？

私たちの脳には、たくさんの音の中から、ある一つの音だけを選択的に聞き取る機能があります。この機能を「選択的注意」と呼びます。たとえば、何人もの人が同時にしゃべっているとき、そのうちの誰か一人だけの話であれば容易に聞き取れますが、二人以上の話を同時に聞き取ることはなかなかできません（あなたが聖徳太子でもない限り！）。

これと同じ現象は、騒音を聞く場合にも生じます。さまざまな音が入り混じった騒音を聞いたとき、ある音に注意を向けると、それ以外の騒音があまり気にならなくなります。

また、一度気になる音ができてしまうと、いつ聞いてもその音ばかりに注意が行きやすくなります。同じ騒音を聞いても、誰もが同じ反応をするとは限らない理由の一つがここにあります。感覚が鋭敏になるのではなく、耳に入ってくるさまざまな音の中で〝どの音に対して注意を向けるか〟が変わってくるのです。

遮音の良い家屋では、外部から室内に侵入する際に周波数の高い音はかなり低減され、窓を閉めると室内で聞こえる音は低い音ばかりとなります。窓を開けたときには気にならなかった小さな低い音でも気になることがあるのは、注意を向ける対象が低い音だけになるからです。

■小さい低周波音でも長時間曝露されると影響があるのか？

日常的に非常に大きな騒音が発生している工場や作業場などでは、従業員は耳栓やイヤーマフのような防音保護具を装着することが求められます。そうしないと聴力がしだいに損なわれ、最終的には回復しなくなります。騒音による聴力損失は、数千ヘルツの高い周波数で大きいことが知られています。

一方、低い周波数の音については、大音圧で長時間曝露されたことによる耳へのダメージや聴力の低下に関する報告はほとんどありません。

それでは、低レベルの低周波音による影響についてはどうでしょうか。小さな低周波音でも長時間曝露されると影響があるといわれますが、本当でしょうか。

音がどこにでもあるように、低周波音もどこにでも存在します。人は生まれる

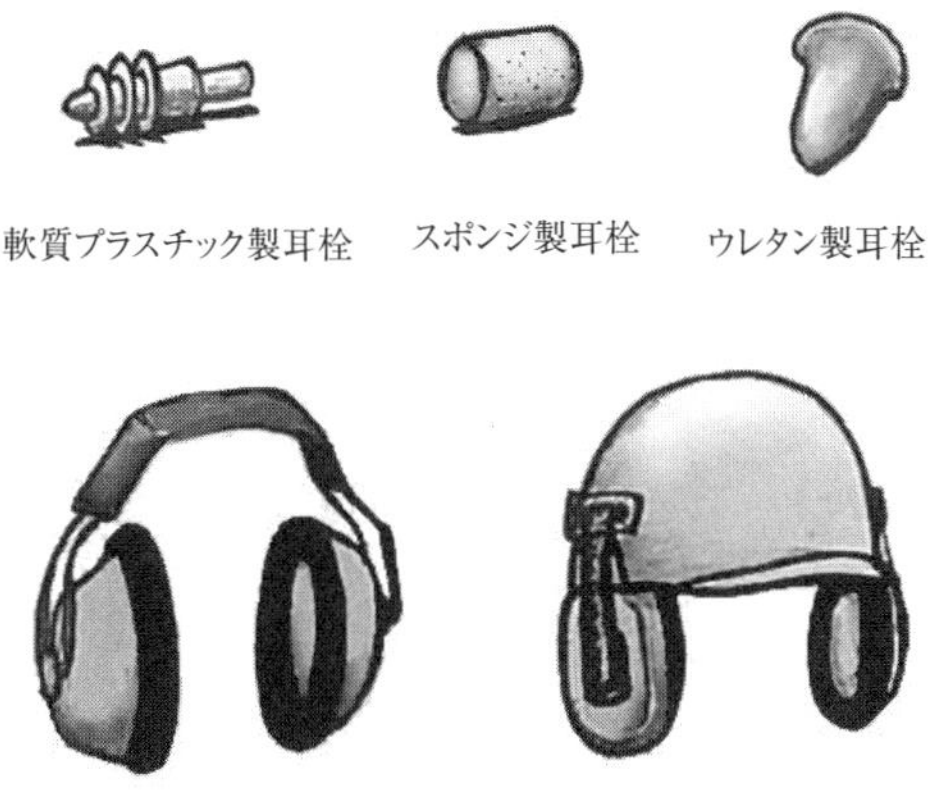
ウレタン製耳栓
スポンジ製耳栓
軟質プラスチック製耳栓
ヘルメット付イヤーマフ
ヘッドホンタイプイヤーマフ
耳栓とイヤーマフの例

＊たとえば、二四〇〇〜四八〇〇ヘルツの高い周波数で九六デシベルの騒音に長時間曝露されると、しだいに大きな音でないと聞こえなくなって、一〇年曝露され続けると閾値が四五デシベル程度高くなるという結果もあるそうよ。

前から大人になる何年もの間、このような低レベルの低周波音のある環境でずっと暮らしています。音量の大小の違いこそあれ、低周波音に日常的に曝露されているのです。人は低周波音に対して感度が悪いこと、曝露される音圧レベルが低いことなどから考えますと、その影響はあまり大きくないと言えるでしょう。

■歳を取ると低周波音も聞き取りにくくなるのか？

一般に「耳が遠くなる」などと表現されるように、歳を取るにしたがって、誰でも聴力がしだいに低下していきます。すなわち、大きな音は聞こえますが、小さな音が聞き取りにくくなったり、まったく聞き取れなくなったりします。

このような聴力の加齢変化は、通常、高い周波数から低い周波数に向かって進行していきます。年齢ごとに見た聴覚閾値（聞こえるもっとも小さな音の強さ）を下図に示します。

この図で、グラフが上に上がっていることは、より強い音でなければ聞こえないことを表します。たとえば、四〇〇〇ヘルツの高い周波数では、二〇歳の若い人に比べると、七〇歳の人は三〇デシベル程度、強い音でないと聞き取ることができません。一方、低周波音については、年齢による聞こえの違いはそれほど大きくありません。しかしそれでも、二〇歳と七〇歳の人の聴力には、平均して一〇デシベル程度の違いがみられます。

さらに、男女差についてみてみますと、低周波音に対する聴覚閾値には、男女

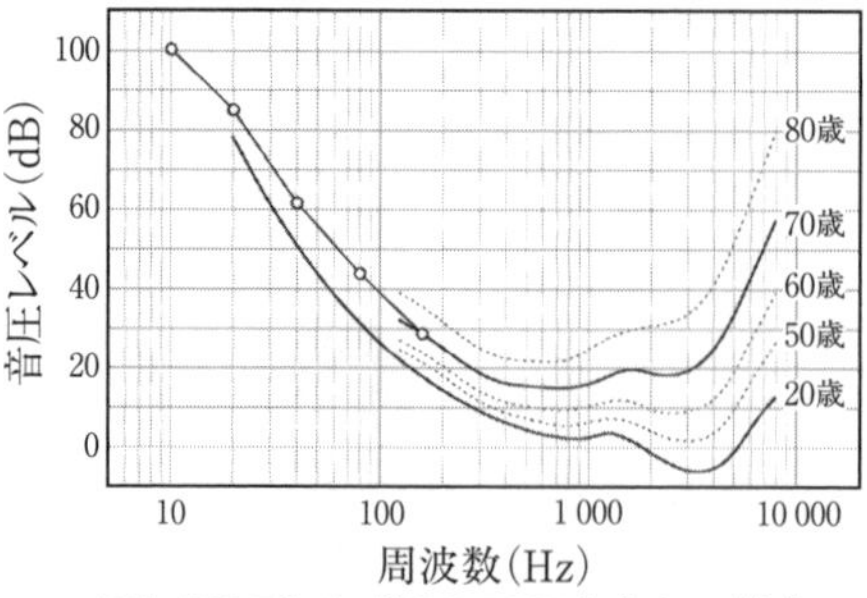

ISO 389-7およびISO 7029をもとに推定。
白丸は，Kurakata *et al.*（2008）による。

年齢ごとにみた聴覚閾値

力が良く）、歳を取ると逆に男性の方が閾値は低くなる傾向があるようです。

の違いはほとんどありません。しかし、若い人では女性の方がやや閾値が低く（聴

■どんな人が低周波音の苦情を訴えやすいのか？

生活環境にある低周波音に対して苦情を訴えるのは、五〇歳代以降の人、とくに女性が多いようです。自宅にいると、近所から聞こえてくる「ブーン」という音が気になって仕方がない、といった苦情です。しかも、五〇歳代以降の女性がこのような苦情を訴えやすいのは、日本だけでなく、ヨーロッパの国々でも同様にみられる傾向のようです。

加齢に伴って、低周波音に対しても聴力はしだいに低下していきます（二八頁参照）。単純に、聴力が良くて小さな音まで聞こえることが不快さの原因であれば、むしろ若い人が苦情を多く訴えることになってもよさそうです。そうでないところを見ますと、苦情の原因として聴覚以外の要因も探る必要がありそうです。

まず考えられる理由は、自宅という、いつも同じ環境に長時間いるのが多いことです。初めて来た場所で聞いたら気がつかないような微かな音であっても、自宅で繰り返し聞くうちに、その音に気づきやすくなることが考えられます。とくに、最近の家屋は遮音性が良いため、低い音が逆に目立って聞こえることが多くあります（二六頁参照）。

しかも、毎日聞かされることによって、「またあの音か」といったネガティブな

印象が積み重なっていきます。通常であれば聞き流せるような音であっても、いったん、嫌な感情が生じると余計に気になってくることでしょう。

さらに、音が気になるか気にならないかは、その音との〝かかわりの程度〟に影響されます。たとえば、たまたま通りかかった場所で嫌な低周波音が聞こえてきたとします。しかし、そこから立ち去ればすぐに逃れることができますので、その音に苦情を訴える人は多くありません。

一方、自宅ではそのようには行きません。毎日その音を聞きながら過ごさなければならず、低周波音と常に関わらざるを得ません。そのことが、「この音を何とかしてほしい」と苦情を訴える行動につながってくるのです。

■低周波音はなぜ聞こえにくいのか？

私たちの耳は、音の周波数によって感度が異なっています。そのため、同じ強さの音であっても、周波数によって大きく聞こえたり小さすぎて聞こえなかったりします。人に聞こえるもっとも小さな音の強さ（聴覚閾値）を下図に示します。

図より、私たちの耳がもっとも感度が良いのは三〇〇〇～四〇〇〇ヘルツあたりであることがわかります。黒板を爪で引っかく音や自転車のブレーキの「キーッ」という音が耳に響くのは、このあたりの周波数成分が強く含まれているためです。

一方、周波数が八〇〇ヘルツあたりから低くなるにしたがって、聴覚閾値はしだいに高くなっていきます。聴覚閾値が高くなるということは音に対する感度が悪く

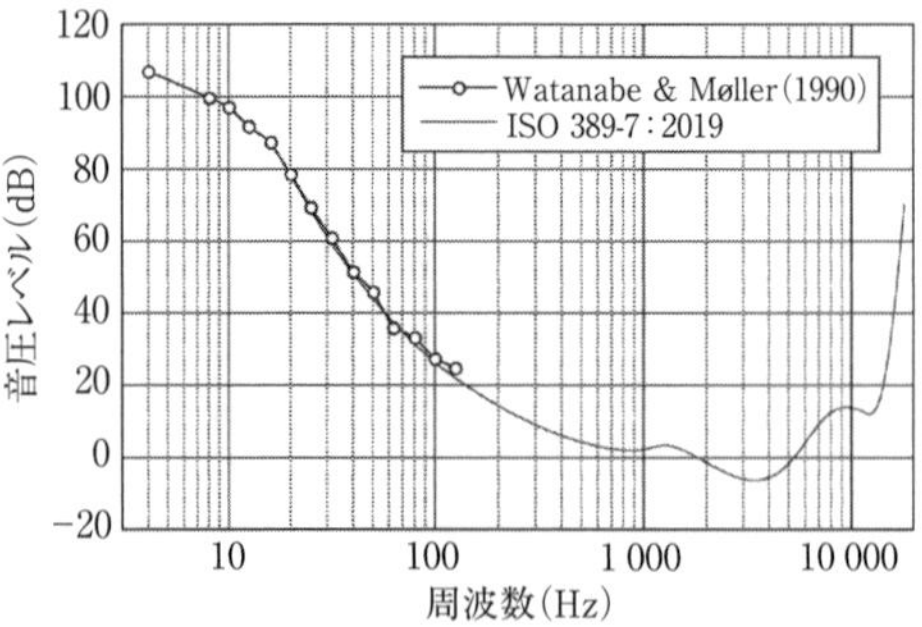

聴覚閾値

なるということですから、周波数の低い音は、高い音よりも強くないと聞こえないのです。

とくに、周波数が一〇〇ヘルツ以下になると、聴覚閾値は急激に上昇します。たとえば、周波数が三〇〇〇ヘルツで音圧レベルが八〇デシベルの音は、多くの人にとって、耳を覆いたくなるような大きな音に聞こえるでしょう。しかし、同じ音圧レベルであっても周波数が二〇ヘルツまで低くなると、聞こえるか聞こえないか（あるいは、感じるか感じないか）といった感覚的には非常に小さな音になります。

■聞こえるのは閾値をこえた音の成分だけ

騒音にはさまざまな周波数の成分が含まれています。ヒトの耳は、ある周波数範囲に含まれる成分をひとまとまりにして聞いています（その周波数範囲を「臨界帯域」と呼びます）。そのため、個々の成分は閾値を下回っていても、それら全体が一つの音として聞き取れる場合があります。

しかし、実際の騒音についてこのような現象が起こるのは、かなり稀《まれ》なケースと考えた方がよさそうです。音のエネルギーがヒトの耳の中であたかも加算されて検出しやすくなるのは、下図(a)のように、個々の成分のレベルが閾値とちょうど同じ程度に低い場合に限られます。下図(b)のように、一方の成分のレベルが閾値よりもはるかに低い場合、その成分は聞こえにほとんど影響しません。したがって、ある低周波音が聞こえるかどうかは、その中の個々の成分が聴覚閾値をこえているかど

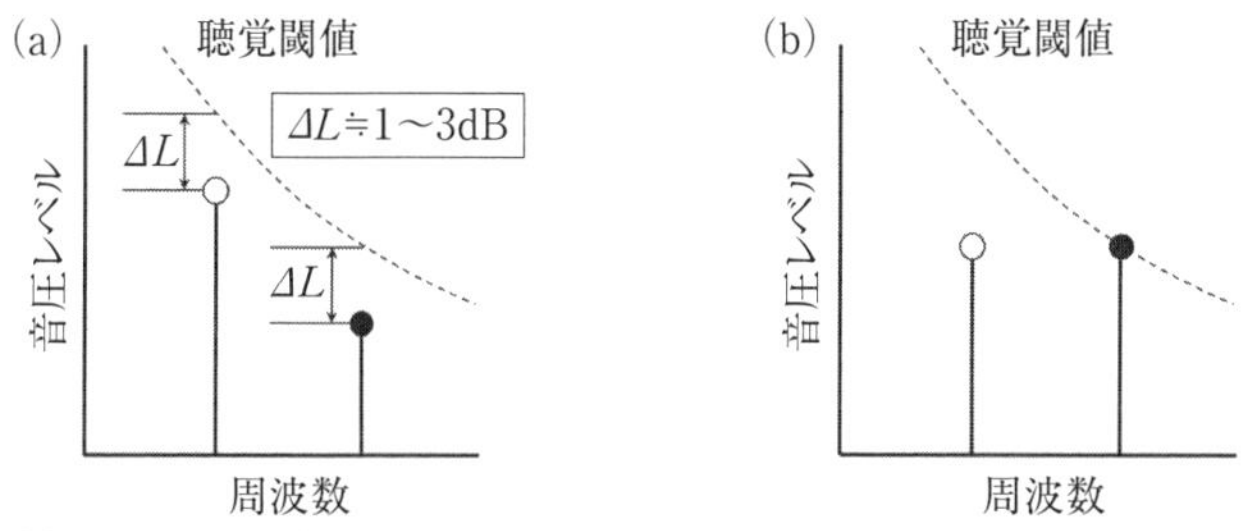

(a) 2つの音（白丸・黒丸）のレベルが聴覚閾値から同程度に低い場合

(b) 黒丸の音のレベルは聴覚閾値と同程度であるが、白丸の音のレベルは聴覚閾値よりも低い場合

低周波複合音に対する閾値

うかでほぼ予測できます。

周波数成分が一つだけの純音と実際の低周波騒音では、聞こえはまったく異なるように思われるかも知れません。しかし、周波数成分がいくつかあっても、その中で閾値をこえるレベルの成分が一つでもあるかどうかで、その音が聞こえるかどうかが決まるケースがほとんどです。したがって、通常の場合、成分の数を気にする必要はないと言えます。

■低周波音による睡眠への影響は？

夜、寝室で寝ているときに、外からの騒音がうるさくて目が覚めてしまうことがありませんか。低周波音は睡眠にどの程度影響するでしょうか。

低周波音が聞こえたかどうか、寝ている人を起こして尋ねたのでは実験になりません。そこで、眠っている人の脳波を測定することで、睡眠への影響を調べます。

実験によりますと、一般に眠りが深いほど、また低周波音の音圧レベルが低いほど、低周波音の影響は小さいという傾向がみられました。もっとも影響を受けやすい浅い眠りの場合、一〇ヘルツの低周波音では、その音圧レベルが一〇〇デシベル以上になると目が覚めてしまいました。同様に、二〇ヘルツでは九五デシベル、四〇ヘルツでは七〇デシベル以上のレベルになると目が覚めるという結果が得られました。

影響がみられたこれらの低周波音のレベルは、いずれも聴覚閾値を上回っています。すなわち、起きている時（覚醒時）に聞こえない音は、睡眠中でも聞こえていないのです。たとえば一〇ヘルツで七〇デシベルといった、閾値を下回るような小さな低周波音が睡眠に影響を及ぼすことはないようです。

■超低周波音の曝露による影響は？

超低周波音に曝されると、めまいや吐き気、頭痛を引き起こすとよく言われます。しかし、身のまわりには超低周波音があふれているにもかかわらず、そのような症状が滅多に起きることがないのはなぜでしょう？

それは、超低周波音の強さ（音圧レベル）に理由があります。実験室でさまざまな超低周波音を聞いてみますと、たとえそれが短時間であっても、めまいや吐き気に似た感覚を生じることがあります。

しかし、あくまでそれは、音圧レベルが一〇〇デシベル近く、あるいはそれをこえるような非常に強い超低周波音を聞いた場合に限られます。同じ超低周波音であっても音圧レベルを下げれば、そのような感覚はまったく無くなります。

一九八四年に環境庁（当時）により公表された「低周波空気振動調査報告書」によれば、最大で一一〇デシベルの超低周波音を発生させた実験でも、人体に及ぼす影響の存在を証明するようなデータは得られませんでした。

また、超低周波音による直接的で生理的な影響の限界については、過去の研究結果をもとに〇・二ヘルツで一四〇デシベル、二ヘルツで一三〇デシベル、二〇ヘルツで一二〇デシベルといった非常に高い音圧レベルが示されています。

超低周波音の音圧レベルが高くなれば、何らかの影響は現れるはずです。どの程度の音圧レベルで超低周波音による生理的な影響が出始めるのか確かめたいところですが、そのためには百何十デシベルといった強烈な音をヒトに曝露しなければなりません。これでは、まさしく人体実験になってしまいます。したがって、近年では、倫理的観点から一二〇デシベルをこえるような大音圧の曝露実験は行われていません。

Dr.Noiseの解説

強烈な音による影響としては、可聴音で痛みを感じ始める音圧レベルは一三〇デシベル、超低周波音では一四〇デシベルとの報告がある。また、偶発的な爆発によって鼓膜が破れる音圧レベルは一六〇デシベルとの報告もあるんじゃ。

■大音圧の超低周波音による影響は？

ある鉱山で行われた発破作業における騒音測定のお話です。発破を行う場所から約五〇メートルの位置で測定していたところ、最大一四〇デシベルまである騒音計のメータが振り切れてしまいました。しかし、体調不良等、測定員の身体への影響はなかったとのことです。

二〇一一年二月一日に発生した新燃岳の噴火では、南西約三キロメートルの距離にある鹿児島県霧島市湯之野に設置された測定器で四五八パスカルの大音圧が観測されました。この値をデシベルに換算しますと、実に一四七デシベルとなります。主な周波数成分は〇・三ヘルツ付近の超低周波音であったとのことです。しかし、報道等をみる限りでは爆発音による健康被害は出なかったようです。

発破や噴火の際に観測されたこれらの音は、瞬間的には一四〇デシベルをこえるような大音圧のものでした。しかし、主要な音の成分の周波数が非常に低かったため、大きな健康被害には至らなかったものと考えられます。

■音が音を聞こえにくくする

ある音Aが別の音Bの存在によって聞き取りにくくなる、またはまったく聞こえなくなる現象を「マスキング」と呼びます。このとき、音Aが音Bに「マスクされた」などと言います。部屋の窓を閉めると、それまで聞こえなかった室内の低周波音が聞こえるようになることがあります。これは、低周波音をマスクしていた室外からの騒音が小さくなり、低周波音が聞こえやすくなるためです。

大きな音が小さな音をマスクしやすいのはもちろんのことですが、マスキングの程度は双方の音の周波数関係にも依存します。ある音を聞いたとき、私たちの聴覚系の反応は、その音の周波数だけでなく、隣接する周波数領域にも拡がります。このとき、高い周波数方向に反応はより大きく拡がります。そのため、周波数の低い音は、それよりも周波数の高い音をマスクしやすく（高い音が聞き取りにくく）な

＊発破作業とは、地中の鉱物等を採掘する際やトンネル工事の際にダイナマイトを埋め込んで爆破して岩などを砕く作業のことをいいます。

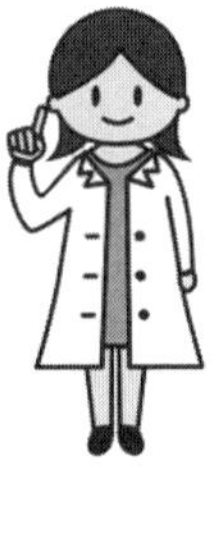

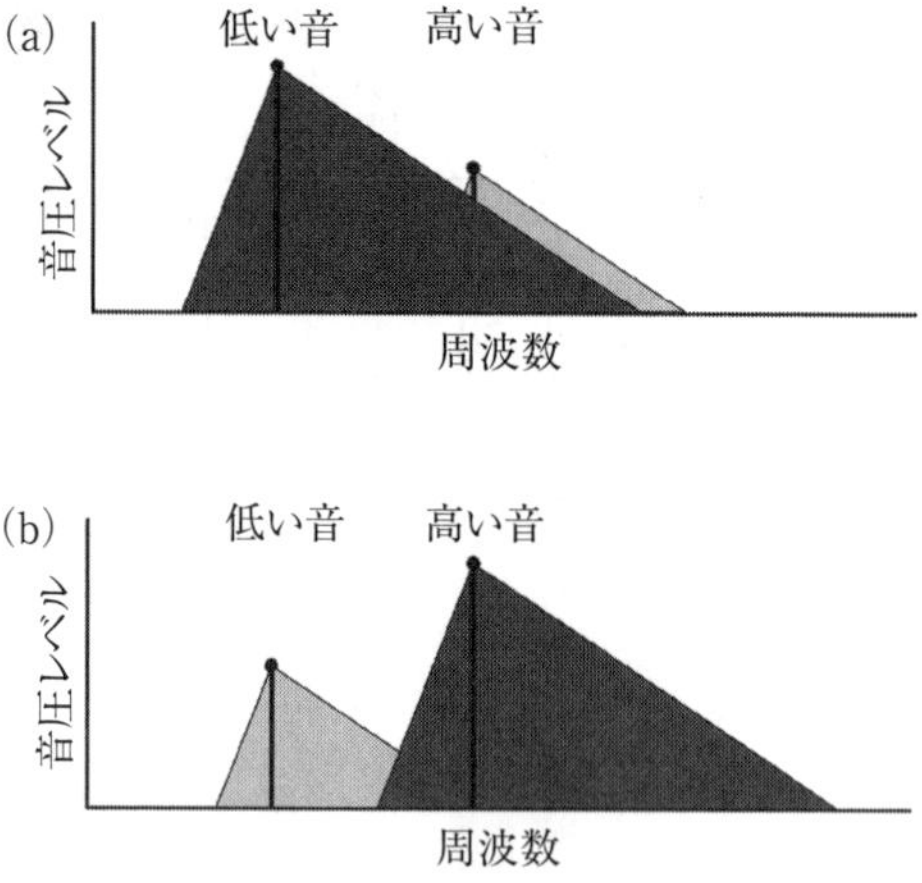

低周波音によるマスキング

ります（上頁図ⓐ）。

　逆に、高い周波数の音が、それよりも低い周波数の音をマスクする程度はあまり大きくありません（上図ⓑ）。したがって、ある強い低周波音が存在する場合、その音が周波数の高い他の音をマスクします。そのため、低周波音の印象が顕著になり、周囲の他の音よりも強く感じることがあるのです。

■自分でできる低周波音診断

「低周波音では？」と思われていた苦情の原因が、実はその人自身の耳鳴りにあったという事例がよくあります。二〇〇〇年頃の国際学会で、オランダの研究者が「低周波音苦情の多くは自身の耳鳴りが原因」と発表しました。当時の研究者の多くは半信半疑で聞いていましたが、今になってみますと、その説は核心を突いていたことになります。

　機器の稼働・停止と音の聞こえの変化とが一致するようであれば、その機器が問題となる音の音源と考えられます。一方、聞こえの変化が一致しなければ、別の原因、すなわち耳鳴りの可能性を探る必要があります。

このような機器の稼働・停止を繰り返す測定は大掛かりになりがちですが、自分でできる簡単な判別方法もあります。それは、耳栓を用いる方法です。耳栓は、通常六三〜一二五ヘルツの帯域の音に対して二〇デシベル程度の遮音性能がありま す。また、低周波音に対しても二〇〜二五デシベルの遮音性能があるという測定結果があります。

外部からの音が原因であれば、耳栓をすることにより、低周波音ではないかと問題にしている音の聞こえは低減します。一方、耳栓をしてもその音が依然として聞こえるようであれば、自身の耳鳴りをその音の原因と取り違えている可能性がありま す。その場合、どこへ行っても、まわりが静かになると「問題の低周波音」が聞こえるはずです。

耳鳴りには、「キーン」という高い音だけでなく、「ゴー」や「ボー」といった低い音に聞こえるものもあります。耳栓をしても問題の音の聞こえが変わらなかったり、静かなはずの別の場所でも同じように聞こえたりする場合には、原因は耳鳴りではないかと疑ってみる必要があるでしょう。

3 身近な低周波音

I節　私は低周波音で狙われている

低周波音は身体に悪影響を与えるか?

■私は低周波音で狙われている!!

ときどき「低周波音で狙われている」という話を耳にすることがあります。どこへ行っても「低周波音」が追いかけてきて、聞こえるというのです。きっと誰かが低周波音で私を狙っているに違いないというのです。

しかし、低周波音による攻撃は簡単ではありません。低周波音は波長が長いので、周波数が低ければ低いほど広い範囲に影響が出てしまいます。

また、大きな音圧で低周波音を発生させると、不快感を生じさせるだけでなく、近くの家の窓や戸をがたがたと振動させてしまう可能性もあります。このように、その人だけでなく、近くにいる多くの人にも被害が及ばざるを得ないのです。また、攻撃を仕掛ける人は音源の近くにいますから、攻撃される人よりも何十倍、あるいは何百倍もの大きな低周波音に曝されることになります。

さらに、発生させる音の周波数が低ければ低いほど大きな装置が必要になります。たとえば、人に聞こえないような大音圧の超低周波音を屋外で発生させるには、少なくとも中型トラックに載る程度の大きさの装置が必要です（二四頁参照）。したがって、人に見つからずに装置を設置しておくことは容易ではありません。

■低周波音で頭蓋骨や内臓を揺すられる!!

通常、耳へ伝わった空気の微小な圧力の変化が鼓膜を振動させ、その振動が耳の奥の蝸牛《かぎゅう》と呼ばれるカタツムリ状の器官に伝わって音として感知されます。音を感知する場所は周波数によって異なり、高い音は蝸牛の入口に近いところで、低い音は入口から遠い先端の方で感じます。

低周波音は体のどこで感じるのでしょうか。

苦情を申し立てる方の中には、低周波音は耳ではなく脳や皮膚で感じるという人がいます。低周波音で頭蓋骨を揺すられるという人もいます。海外の研究者の中には、低レベルの超低周波音でも音が耳から入って内臓を振動させたり、頭蓋骨を振動させて鼓膜を介さずに耳の内部を刺激したりするとの説を唱える人がいます。実際、頭蓋骨の共振周波数は五〇～七〇ヘルツ付近に、胃の共振周波数は四～五ヘルツ付近にあるといわれています。

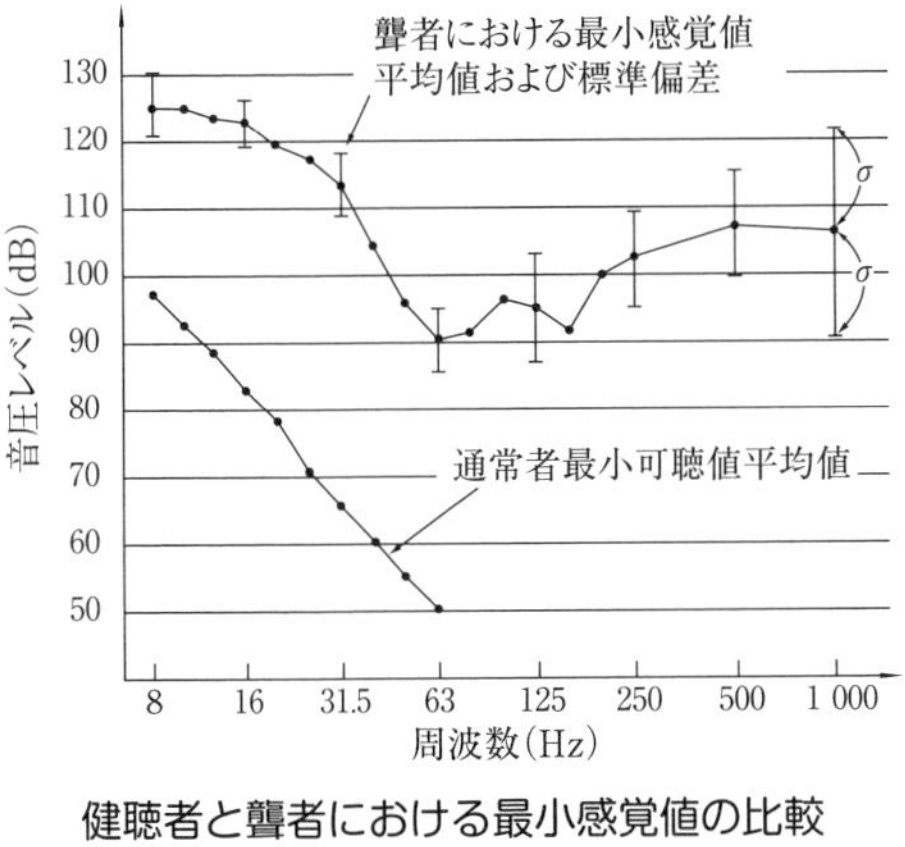

健聴者と聾者における最小感覚値の比較

しかし、耳の聴こえない人（聾《ろう》者）に低周波音を聞かせて閾値を測定したところ、耳の聴こえない人の閾値は一般の人の閾値よりも三〇デシベル程度高いという結果が得られたと報告されています（前頁図）。別の研究でも、低周波音を身体で振動として感じるのは、聴覚（感覚）閾値よりも二〇～三〇デシベル以上高い音圧レベルであるという結果が得られています。すなわち、高い周波数の音に比べて感度は非常に悪いですが、超低周波音を含め、低周波音は耳で感じていると考えられます。

■慢性的な低周波音曝露による音響振動疾患（VAD）は生じるか？

航空機エンジン工場の作業者において、継続的な大音圧の低周波音曝露が多臓器疾患に影響することが報告されています。

しかし、報告では作業者が曝露されている職場の騒音は、耳への影響がより大きい高周波数域の成分を多く含んでおり、通常作業時には最大騒音レベル一二〇デシベルの騒音に曝露されているとのことです。我が国の労働省（当時）による「騒音障害防止のためのガイドライン」では、騒音レベルが九〇デシベルをこえるような作業場においては大音圧の騒音曝露による聴力への影響を低減するため、防音保護具の装着が求められています。

報告によれば、対象とした作業場は防音保護具を使用しなければならないほどの強大な騒音に曝されている劣悪な環境であること、作業場の騒音が一〇〇〇ヘルツ

＊声を発すると、空気中を伝わる音だけでなく、声帯などの振動が頭蓋骨を通して耳の内部（内耳）に伝わります。このような経路で聞く音を骨導音と言います。このように振動で音を聞く場合、鼓膜から音を聞く場合に比べて二〇～三〇デシベルくらい感度が悪いという実験結果が得られています。なお、「バリアフリーと音」も併せてお読み下さい。

以上の高周波数成分を多く含むこと、高周波数域に比べて低周波数域では人の音に対する感度が大幅に悪いことから、多臓器疾患の原因は低周波音ではなく高周波数域の騒音による可能性が高いと考えられます。

■「聞こえない低周波音による身体的な被害」—実際は聞こえている？

低周波音に関する新聞記事が、ときどき掲載されています。いずれも、「低周波音は恐ろしいものだ」とか「音が聞こえないのに影響がある」といった論調です。しかし記事をよく読んでみると、その低周波音は、「奇妙な音」「ブーンという音」「唸《うな》るような音」「鐘の中にいるような音」等々、すべて音として聞こえているようです。

なぜ聞こえる音が「耳に聞こえない低周波音」に化けてしまうのでしょうか。

これらの記事には、低周波音苦情が発生した際の音圧レベルや周波数は示されていません。そのため、苦情の原因が本当に低周波音なのかどうかはわかりません。二〇ヘルツ以下の超低周波音は耳に聞こえづらいことと、低周波音の苦情としてあげられている不快感や体調不良、不眠等の症状とを単純に結びつけてしまい、聞こえない低周波音により身体的な被害が生じていると誤解したものと推測されます。

■低周波音で金魚が暴れる映像を撮らせて下さい!!

ある研究機関にテレビ局の番組制作者から「金魚が低周波音により暴れ回る映像を撮りたい」との電話が入りました。しかし、音が空気中から水中に入射する際、全体の約〇・一パーセント（マイナス三〇デシベル）しか伝わりません。金魚が暴れ回るには、おそらく非常に大きな低周波音を発生させなければならないでしょう。

研究機関の担当者は、そのような強大な低周波音を発生する装置はなく、視聴者にあらぬ誤解を与えてはいけないこと等を考慮して、丁重にお断りしたそうです。

番組の制作側では、「低周波音により影響がある」というシナリオができていて、それに使用する映像を撮りたかったようですが、制作者の意図する映像を撮るのはなかなか難しそうです。

＊あるデパート屋上のペットショップへ行った時、近くのガラス面が揺れていたので、低周波音を測定したら一〇ヘルツの音圧レベルが九五デシベルもあったんだ。音源はおそらく近くに設置された大型の吸排気口だと思うな。でも、水槽では魚が気持ちよさそうに泳いでいたし、店員さんも何事もないように仕事をしていたよ。

■もう少し低周波音の音圧を上げられますか？

ある研究機関に、テレビ番組の担当者から、低周波音を発生させてどの程度の音圧レベルで感じるかの映像を撮りたいとの依頼がありました。収録の日、実験室で閾値をわずかに上回る、住空間に存在する程度の大きさで低周波音を発生させたところ、番組担当者から「はっきりわからないのでもう少し大きくして欲しい」といわれました。そのため、閾値よりかなり大きめの低周波音を発生させて、要求された映像を撮ったそうです。しかし、実際には、「低周波音により、こんなに不快な感じがします」といった内容が放映されました。

騒音でも低周波音でも、音の大きさが大きければ、うるささや不快感の程度は大きくなります。放送では、多くの場合、収録時の音圧レベルや周波数が明確に示されませんので、音圧レベルの大小によらず低周波音は影響があるかのように誤解しないよう、視聴者側は注意が必要です。

Ⅱ節　低周波音の噂と苦情

あんな噂・こんな噂

■スプーンを落とすと低周波音が発生する？

インターネットのあるホームページに「スプーンを落とすと低周波音が発生します」と書かれていました。本当に、スプーンを床に落とすと低周波音が発生するのでしょうか。

集合住宅を想定したコンクリートスラブ厚一五〇ミリメートル、床面積二〇・二平方メートルの実験室床に厚さ一二ミリメートルのフローリングを施工し、ティー

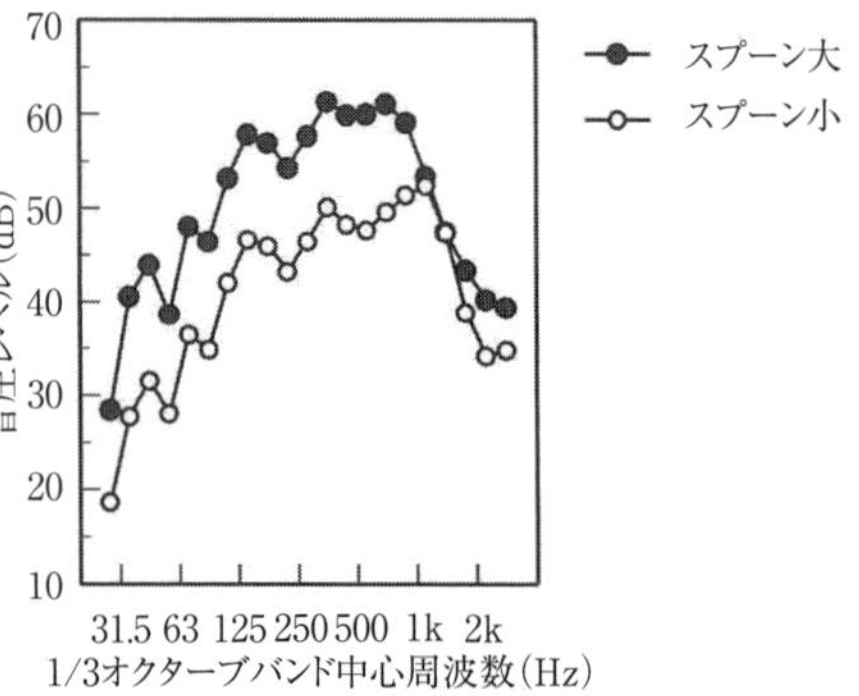
70
60
50
40
30
20
10
音圧レベル(dB)
31.5 63 125 250 500 1k 2k
1/3オクターブバンド中心周波数(Hz)
スプーン大
スプーン小

スプーン落下実験

スプーン（一三・七グラム）とカレー用の大きいスプーン（四二・一グラム）をダイニングテーブルの高さから落下させ、下階で発生音を測定した結果を紹介します。

　上図に示す発生音の周波数特性によると、スプーン落下により発生する音の主な周波数成分は一二五〜一〇〇〇ヘルツ付近にあり、一〇〇ヘルツ以下では周波数が低くなるほど音圧レベルは低くなっていることがわかりました。

＊この結果をみると、床にスプーンを落とした程度では、問題となるような大きさの低周波音は発生しないんですね。

■低周波音は距離減衰しないという誤解

　低周波音の苦情を訴える方々の中には、「低周波音は距離減衰しない」という人がいます。本当にそうでしょうか。

　もし、低周波音が音源からの距離が離れるにつれて減衰しなければ、火山の爆発や隕石落下に伴う衝撃波により発生する百何十デシベルもの超低周波音によって、世界中の家の窓ガラスが割れることでしょう。低周波音を発生する工場から遠く離れていても、窓ががたついたり、低い音を感じたりすることでしょう。

　しかし、実際にはそんなことはありません。低周波音も音には変わりないので、距離による減衰の仕方は基本的に騒音の場合と同じなのです。すなわち、音源から離れた位置では、音源からの距離が二倍になるごとに六デシベルの割合で減衰します。ただし、地表面による吸収や空気吸収による減衰はほとんどありません。それが、「周波数の高い音と比べると減衰しない」といわれる由縁です。

下図に低周波音の距離減衰測定結果の一例を示します。

■低周波音で窓ガラスは割れるか？

低周波音により窓が振動し、建具ががたつくことは前項でお話ししましたが、低周波音で窓が割れることはあるのでしょうか。

二〇一一年二月に発生した新燃岳の噴火では、鹿児島県霧島市内の病院や旅館で三〇〇枚もの窓ガラスが割れる被害があったと報告されています。被害があった建物付近における圧力は観測されていませんが、近くの空振計で四五八パスカル（音圧レベルに換算すると一四七デシベル）が観測されています。

海外では、爆発に伴う一四〇デシベル程度の音圧レベルの超低周波音で広い一枚ガラスが割れ、建て付けの悪い木枠のガラス窓が木枠ごと落下して破壊した事例が報告されています。また、一二〇～一三〇デシベル程度の超低周波音を窓に向けて連続的に照射した実験では、窓は割れなかったという結果もあります。

これらの結果から、日常観測される程度の大きさの超低周波音で窓が割れることはないと考えられます。窓ガラスが割れるのは、火山の噴火や爆発音のように、一方向に瞬間的に非常に大きな力が加わった場合であると考えられます。

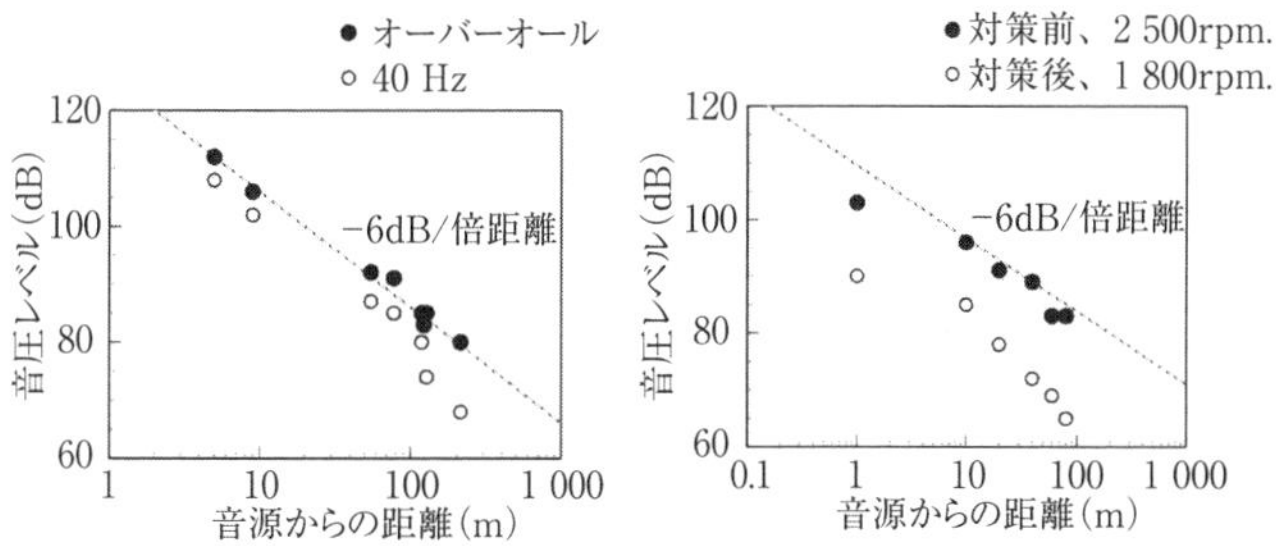

左：加熱炉の事例、右：振動ふるいの事例

低周波音の距離減衰測定例

■「特定の場所を低周波音で狙う」ことは可能なのか？

「私は低周波音で狙われている‼」（三八頁）で、低周波音で攻撃するのはいかに大変かについてお話しました。低周波音の苦情申立者で「私だけ狙われている」という方がいますが、周囲で他に苦情がない場合、本当にそんなことがあるのかどうかについて考察してみましょう。

音源が地面にある場合、音は半球面状に放射し広がってゆきますが、複数台の低周波音源がある場合、受音点ではそれぞれの音源からの到達時間が違うため音波に位相差が生じ、それぞれの音波が合成されて音の大きさに大小が生じます。このため、音が空間に均一に放射されず、干渉により音の大きい方向と小さい方向が生じ、分布に差が生じることになります。

Dr. Noiseの解説

下の図のように、二つの音波にズレがあるとしよう。たとえば一つの音源から発生している音波を少し離れた二地点で観測したとき、それぞれの観測地点と音源からの距離によって到達時間が違ってくる。この波形のズレを角度で表したものを位相差というんじゃよ。

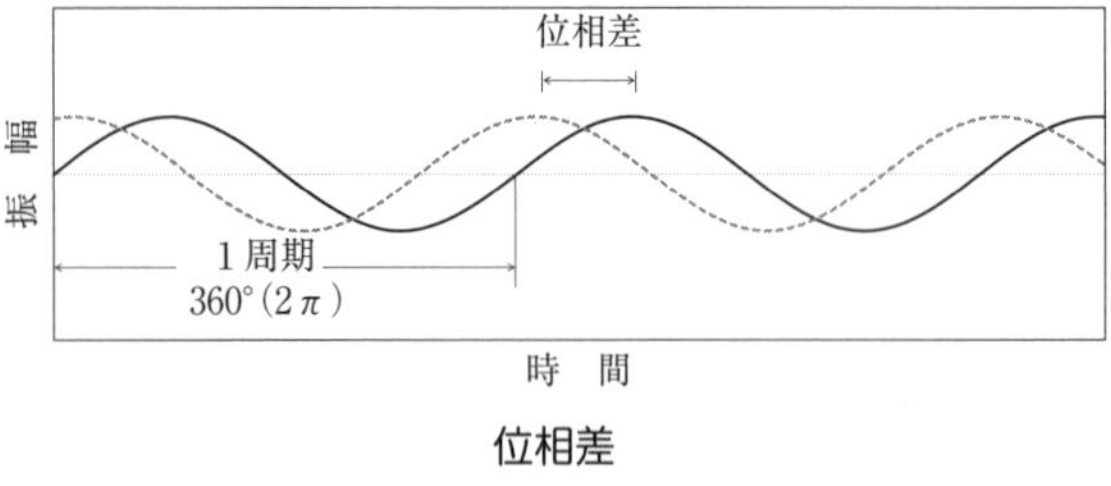

位相差

次頁の図(a)に示すように、二つの同じ音源が二分の一波長離れた位置で配置されていた場合で、推定した半径 r（m）は音源間距離に比べ充分に離れた位置での音

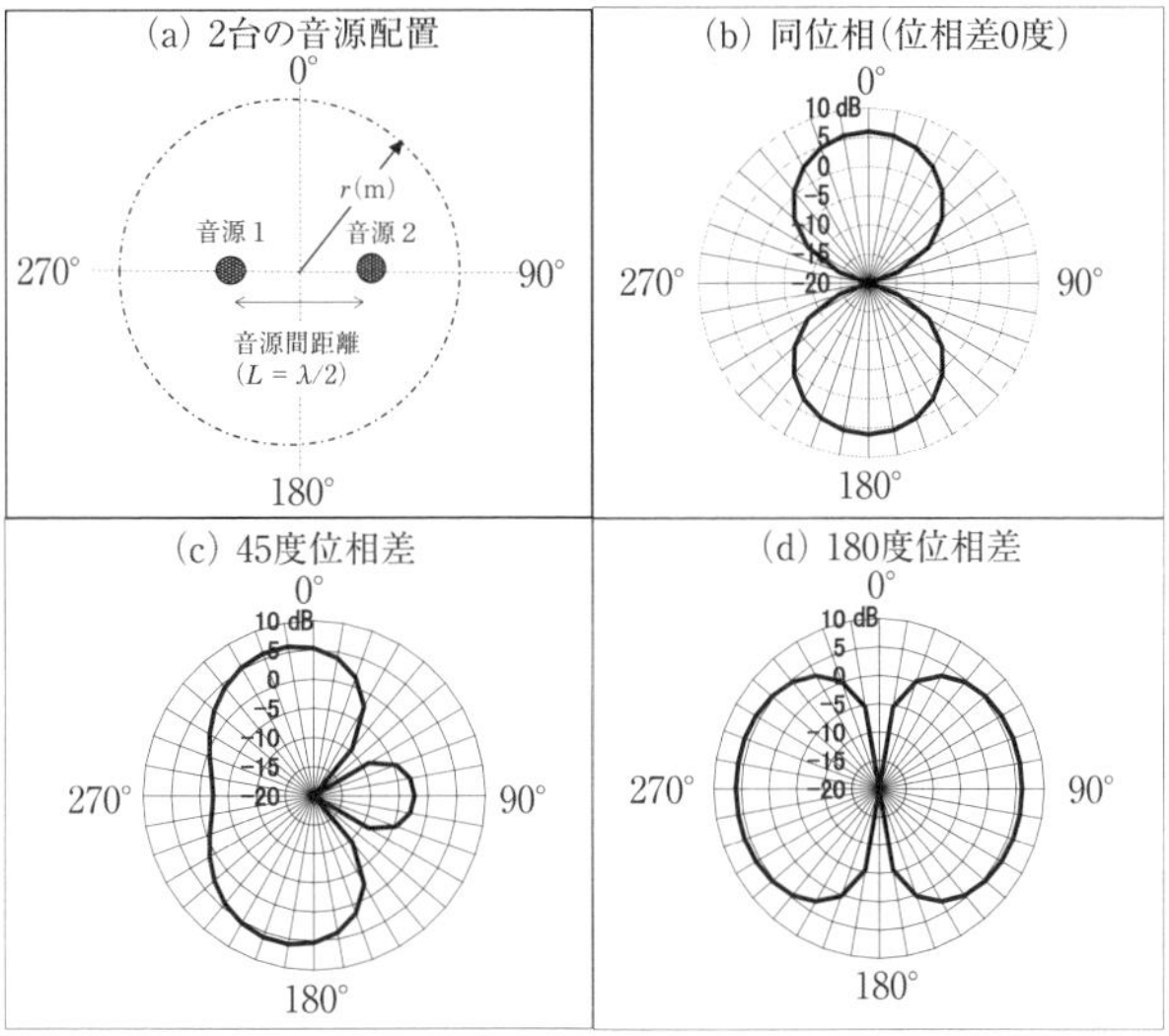
(a) 2台の音源配置
0°
r(m)
音源１
音源２
270°
90°
音源間距離
(L = λ/2)
180°
(b) 同位相(位相差0度)
(c) 45度位相差
(d) 180度位相差
10 dB
5
0
−5
−10
−15
−20

２個の音源の干渉によるレベル分布

の大きさの分布をシミュレーションしてみました。二つの音源間距離が一定でも音源同士の音波の発生に位相差がある場合は、上図(b)~(d)のような分布を示します。図の数値(デシベル)は二つの音源の干渉による音圧レベルの増減を示しています。

　低周波音では、音源の位相差による干渉でこのように周囲に対する影響が大きく変わることがわかります。

　位相の制御ができれば、音波による干渉を上手く使って、放射される音の大きさを一定の方向だけ低下させることも考えられます。

　二台の音源を近くに設置し、二つの音源から逆位相(一八〇度差)で音を出すと、周囲全体で音は消えることは容易に察しがつきます(七二頁参照)。

＊救急車やパトカーなどの単純なサイレン音であれば、このような簡単な機構で工夫すると前後方向のみに向けサイレン音を放射することができるかもしれませんね。

音源二台では単一方向への鋭い指向性はみられませんでしたが、「特定の方向に対して低周波音を放射することができるか」といわれれば、不可能とは言えません。多額の費用をかけ、多数の音源の音圧や位相の制御を行えば可能性はありますが、相当複雑なシステムとなることから、実際に「私だけ狙われている」というようなことを行うのは難しいと考えられます。

あんな苦情・こんな苦情

■駐車場周辺の家屋で戸や窓がガタガタ

ビルの地下駐車場の出入口に面した家屋の住民や商店数軒から、ウィンドウガラスの揺れや、室内の建具ががたつくといった苦情が続出しました。調査を行ったところ、一〇ヘルツに卓越成分をもつ超低周波音が観測され、これが窓ガラスの揺れや建具のがたつきの原因であると考えられました。音源は、同ビル地下駐車場の空調機でした。

低周波音の発生原因を調べたところ、空調機の能力と送風量のアンバランス等により空気の流れが不安定になっていたものと判断されました。そこで、送風機のファンの前後にバイパスダクトを設置することにより流れをスムーズにし、卓越していた一〇ヘルツ成分を二〇デシベル以上低減させたところ、苦情はおさまりました。

■早朝に襖や人形ケースがカタカタ

港近くの民家から、早朝、襖や人形ケースがカタカタ揺れて気持ち悪いとの苦情が寄せられました。このような現象は早朝の決まった時間帯に発生しており、発生時間帯や港と民家の位置関係から、その時間に停泊しているフェリーボートが原因と推定されました。調査の結果、搭載されているディーゼルエンジンの卓越成分と一致する一二・五ヘルツの低周波音が民家でも観測されました。

この低周波音はディーゼルエンジンの排気煙突から放射されており、煙突に消音器を挿入することで問題は解決しました。

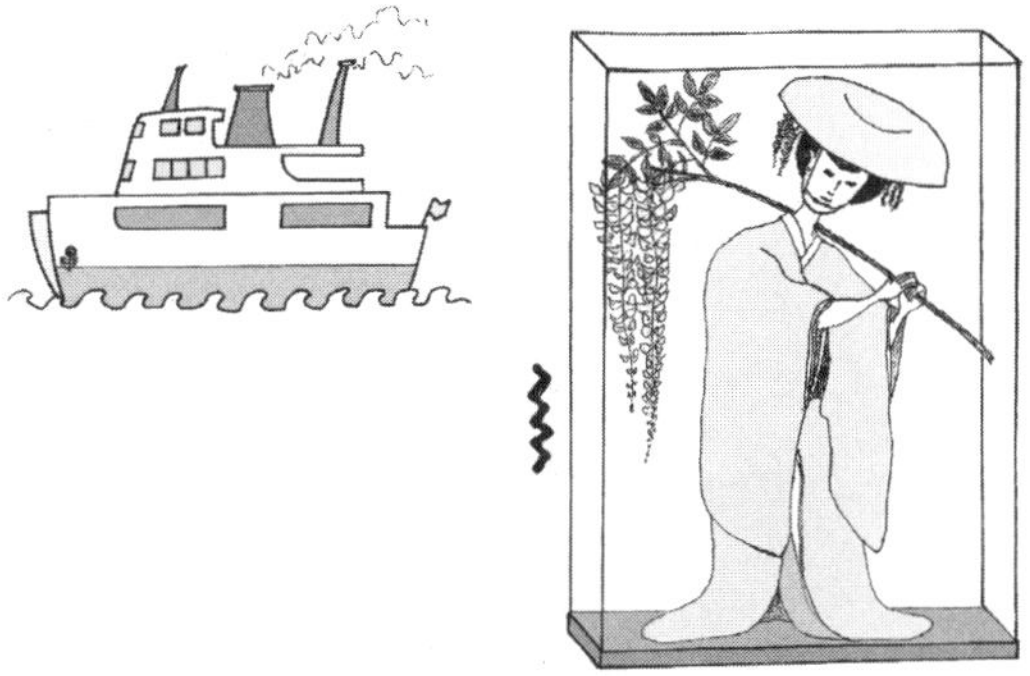

フェリーボートからの低周波音

■深夜の民家で怪奇現象発生！

飛行場の周辺地域で、「深夜・早朝に窓や建具にがたつきが生じる」、「飛行場の方向から、微かに低い音がするようだ」との苦情が寄せられました。調査したところ、その時間帯に航空機のエンジンテストを行っており、航空機が原因であ

ることが確認されました。

航空機は、安全に運行するために、通常、運行後に整備を、深夜・早朝にかけてエンジンテストを行います。この事例では、エンジンテスト時のジェット流が排気消音器入口のベルマウス（排気消音器入口に取り付けられた末広がりの部品（下図参照））を加振し、この振動がベルマウスと一体になっているエンジン試運転装置の防音壁に伝わり、壁から大きな低周波音が発生していました。そこで、補助ダクトを設置し、ジェット流が拡散する前にそれを排気消音器内部に導くことで、消音器と防音壁の振動は低減され、低周波音も小さくなりました（下図）。

■家全体がガタガタ？　カーテンも揺れる、床も揺れる？

「低周波音により家が揺れており、とくに二階では揺れがひどく睡眠に支障をきたす」との苦情が県に寄せられました。「もしや、これがよく話題になる低周波音ではないだろうか⁉」ということで苦情を申し立てたようです。

このような苦情では揺れの原因が地盤振動の場合もあり、判断するのがなかなか難しいことから、調査にあたっては低周波音と振動の両方について測定が行われました。調査員がその家の二階寝室に行ってみると窓も襖もカーテンも床も揺れており、床に寝てみると横方向の強い揺れを感じました。

低周波音を測定したところ、二階寝室では四ヘルツに大きな周波数成分をもつ超低周波音が観測されましたが、庭では顕著な大きさの低周波音は観測されませんでした。

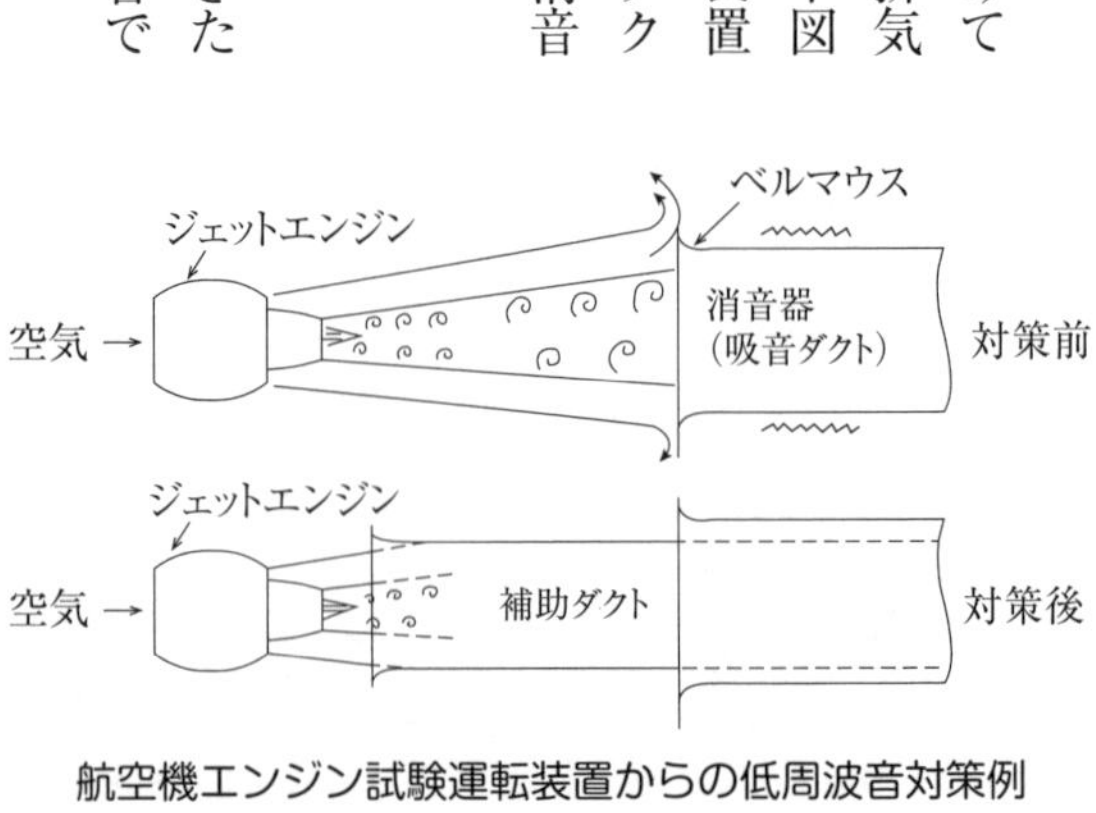

航空機エンジン試験運転装置からの低周波音対策例

二階寝室で床の振動を測定したところ、四ヘルツに大きな周波数成分をもつ水平方向の振動が観測されました。水平方向の振動レベルは一階屋外よりも二階寝室のほうが一五デシベルも大きく、人が十分に振動を感じられる大きさでした。この調査の結果、揺れの原因は低周波音ではなく振動であると考えられました。

家の周辺を調査したところ、原因は道路を隔てた製缶工場のプレス機と推定されました。プレス機の振動が地中を伝わり、家全体を振動させていたのです。さらに、家が揺れやすい構造であったため、二階寝室での振動が増幅されたものと考えられました。

その後、工場にある複数台のプレス機の動きを制御することで、振動が低減したとのことです。

Dr. Noiseの解説

この事例のような場合、原因が低周波音か振動かの判断はなかなか難しいもんじゃな。低周波音が原因である場合、低周波音の周波数的な特徴と一致するような特定の建具だけが振動するんじゃが、地盤振動の場合は家全体が振動することが多いんじゃ。振動の測定では鉛直方向しか測らないことが多いのじゃが、水平方向も測らないとわからない場合もあるんじゃな。

この事例の場合、二階の寝室全体が揺れていることや、屋外で特徴的な低周波音の周波数成分が観測されなかったことが原因解明のヒントとなったんじゃ。

■隣の工場が始まると圧迫感で仕事ができない

ある会社の事務所で、「約三〇メートル離れた工場の操業が始まると強い圧迫感を感じて業務に差し支える」との苦情が発生しました。県で調査をしたところ、三一・五ヘルツに主要な周波数成分をもつ大きな低周波音が観測されました。

原因は、工場に設置された、土砂をふるい分ける際に用いる振動ふるい機と考えられました。振動ふるい機の大きなスクリーンがしだいに目詰まりし、あたかも大きなスピーカーのような状態になって、低周波音が発生していることがわかりました。

さらに事務所内の音圧分布を測定したところ、場所によって音圧レベルが大きく異なり、もっとも音が強いところでは九〇デシベルもの音圧レベルが観測されました。調査結果から、工場から発生した低周波音の周波数が事務所の共鳴周波数とたまたま一致し、室内の特定の場所で高い音圧レベルが観測されたものと考えられました。

その後、ふるいの振動数を事務所の共鳴周波数からずらすことにより、苦情はおさまりました。

■「プーン」という低周波音苦情

工場から二〇〇メートルほど離れた家屋の住人から低周波音の苦情が寄せられました。「唸るような音が気になるが、一日中ではない」とのことです。しかし、苦情を申し立てた家の周辺にある工場は一日中連続的に稼動していて、苦情を訴える時間と合致しません。

調査員は苦情を申し立てた家で低周波音が聞こえないか、感じないか必死で耳を澄ませましたが、低周波音を感じられませんでした。工場以外にも低周波音を発生しそうな施設はないか周辺を探して廻《まわ》りましたが、見当たりません。測定結果からも、苦情が発生するような音圧レベルの低周波音は確認されませんでした。

そこで、どのような音が気になるのか、もう一度詳しく尋ねたところ、申立者が気になっていたのは、「プーン」という低周波音とのことでした。そこで、改めて工場および家屋周辺を調査したところ、苦情の原因は、工場の小型焼却炉の煙突から微かに聞こえる五〇〇ヘルツの騒音であることが判明しました。

■調査員には聴こえない、謎の低周波音

一人暮らしのお年寄りから、「〝ボーン、ボーン〟という低周波音と振動が一日中聞こえてストレスを感じるので、音源を調べて指導して欲しい」との依頼が市に寄せられました。市では調査を行いましたが、この方が申し立てるような低周波音は、計測でも調査員の耳でも確認できませんでした。

そこで調査員はこの方に対して、他の市へ行ってもその音が聞こえるかどうかを尋ねてみました。すると、「同じ音が聞こえる」との返答がありました。健康チェックを勧めたところ、その後、苦情は寄せられなくなりました。

＊五〇〇ヘルツの音は、低周波音ではありませんね。苦情を申立てる方の中には、「キーンという低周波音」という方もいます。「キーン」という表現ですと、おそらく一〇〇〇ヘルツ以上の音でしょうね。

低周波音の苦情を申し立てる方の中には、自身の耳鳴りやめまいなどを低周波音と勘違いしている人もいます。もし、低周波音であれば、音源が稼動して低周波音が大きくなったときに症状が現れて、停止すると症状がなくなるといった対応関係があるはずです。

音源の稼動状況と苦情発生の間に対応関係があるかどうかを確かめてみる必要があります。

＊この事例のように、苦情の原因が苦情者自身の問題である場合には、発生原因とされる施設を除去しても問題は解決しないこともあるんですね。

■原因を取り除いたのに未解決

スーパーマーケットの冷凍機から発生する低周波音に対する不快感の苦情が寄せられました。そこで、施設を稼動・停止させて低周波音と苦情者の反応を調査しました。しかし、音源の稼動状況と苦情者の反応との対応関係ははっきりしませんでした。また、施設の稼働状況と苦情者側での音圧レベルの時間変動との対応はみられませんでした。

以上の結果から、苦情の原因は低周波音である可能性は低いと判断されました。しかし、スーパー側では苦情者に配慮し、冷凍機を苦情者宅側から離れたところに移設しました。これにより、苦情者から「楽になった」との連絡が寄せられました。

ところが、三ケ月ほどして、別の音源による不快感の訴えがふたたび寄せられるようになったとのことです。

この事例では、施設の稼動状況と苦情者の反応との対応関係がはっきりしないこと、苦情者側での音圧レベルの変化とも時間的に対応しないこと、施設の移設後にふたたび同様な苦情が訴えられたことから、原因は耳鳴りなどの苦情者自身の問題であった可能性が考えられます。

近年話題の低周波音苦情

■エコキュートからの低周波音苦情

家庭用ヒートポンプ給湯機（エコキュート）は、深夜電力を利用してお湯をつくる省エネ機器です（下図）。

エコキュートの騒音レベルは機器の正面一・〇メートル位置で三八～四六デシベル程度でさほど大きくありませんが、隣家との敷地境界付近に設置されることが多いため、夜間静かな住宅地などでは騒音・低周波音の苦情に繋がることがあります。

運転音は、主にヒートポンプユニットの冷媒を圧縮して温度を上げる圧縮機（コンプレッサー）と空気から熱を取込む送風機（ファン）から発生します。圧縮機の回転に起因する基本周波数は四〇ヘルツ付近にあり、その整数倍の高次周波数とともに卓越成分として現れます。また、ファンの回転数と羽枚数に起因する基本周波数は二五ヘルツ付近に存在します。

ある日、隣家に設置してあるエコキュートの運転音に対する苦情が市に寄せられました。発生源の稼動状況と苦情者の感覚には対応関係があり、室内で測定された

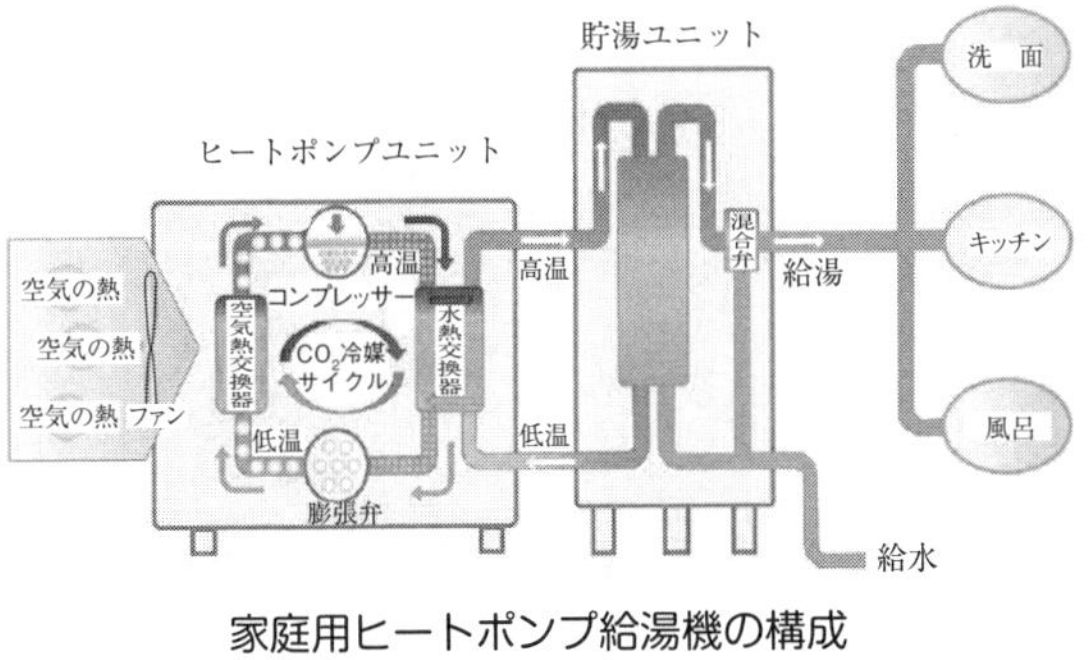

家庭用ヒートポンプ給湯機の構成

音圧レベルは、苦情の原因が低周波音か否かを判断する目安である「参照値」（六四頁参照）を六三ヘルツと八〇ヘルツの帯域で上回っていました。製造業者が点検したところ、通常より大きな音がしているとのことで、ヒートポンプを交換し、設置場所を変更することで問題は解決しました。

エコキュートを設置する場合は、隣家寝室の近傍を避けて据え付けるなど、運転音が周囲に影響を及ぼしにくい位置に置くなどの配慮が大切です。（一社）日本空調冷凍工業会のウェブサイト「騒音防止を考えた家庭用ヒートポンプ給湯機の据付けガイドブック」に詳しく紹介されています。

Dr.Noiseの解説

エコキュートの発生音は季節によって異なり、冬季の方が大きくなるんじゃ。メーカー、機種、あるいは同一メーカー・同一機種でも多少の個体差はあるようじゃ。

■風力発電施設からの低周波音苦情

近年、風車の大型化、施設の大規模化に伴い、低周波音苦情が散見されます。風車は周辺が静かな環境の地域に建設されることが多く、民家と風車間の距離が近い場合に苦情が寄せられることがあります。

環境省で風車音に関する全国的な実態調査、社会調査、実験室実験等が行われ、

風車とスイッシュ音（風下側から測定）
（左下の丸印の中央が発生音大）

ブレードの回転に伴い変動する空力騒音（スイッシュ音といいます）が不快感を増長させていることが明らかになりました。

最近の大型風車は、三枚の翼が毎分二〇回転くらいで回っているので、約一秒に一回（三枚翼×二〇回転／六〇秒）の間隔で翼が近づいてくる時に音が大きく聞こえます（スイッシュ音）。前頁図は、風車の下側から見た音響カメラ（音の可視化装置）の測定結果で、左下の翼先端付近の色が濃くなっているのは、音圧レベルが高いことを示しています。

また、風車から発生する超低周波音の音圧レベルは感覚閾値よりも十分小さく、風車音は超低周波音の問題ではないことも判明しました。

国内外の文献でも、風車から発生する超低周波音あるいは低周波音と健康影響について明らかな関連性を見出すことはできていません。

Dr. Noiseの解説

通常、ブレードの回転に伴う空力音は卓越成分を発生しないんじゃ。まれに、増速機や発電機の振動に起因する不快な卓越性の騒音（周波数は一六〇～二〇〇ヘルツくらい）を発生するような風車もあったんじゃ。この音が、苦情で「低周波音」と言われる音かもしれんな。

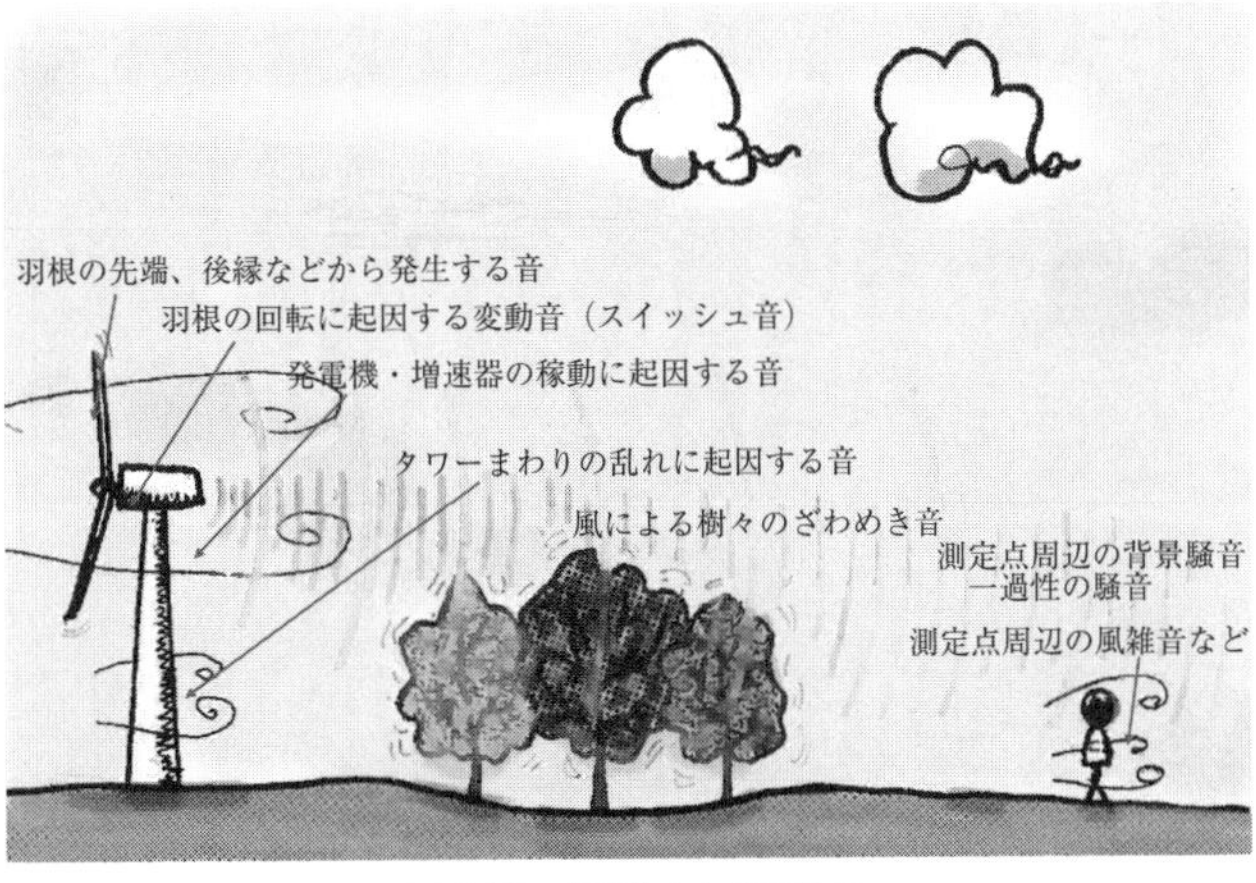
羽根の先端、後縁などから発生する音
羽根の回転に起因する変動音（スイッシュ音）
発電機・増速器の稼動に起因する音
タワーまわりの乱れに起因する音
風による樹々のざわめき音
測定点周辺の背景騒音
一過性の騒音
測定点周辺の風雑音など

民家側で観測される騒音

4 低周波音の測定・診断・対策

I節　低周波音を正しく測る

低周波音を計測するには

■低周波音は騒音計で測れるか？

通常の騒音計（サウンドレベルメータ）では、二〇ヘルツ未満の音は測定できません。一ヘルツまで測定したい場合には、低周波音専用の測定器（低周波音レベル計）が必要です。ただし、最近の騒音計のなかには、一〇ヘルツくらいまで測定できるものや、一ヘルツまで測定できるものもありますので、これらは低周波音の測定に使用できます。

低周波音の苦情対応では、原則として低周波音専用の測定器を用います。しかし、事前調査等で、問題が生じるような大きさの超低周波音が発生していないことがわかれば、普通騒音計で二〇ヘルツ以上の可聴域の低周波音を測定することもできます。

しかし、音は聞こえず、風もないのに窓や戸ががたつくといった苦情の場合には、二〇ヘルツ以下の超低周波音が問題である可能性が考えられます。この場合は、通常の騒音計ではなく、低周波音レベル計または一ヘルツまで測れる騒音計による測定が必要です。

また、最近は「低周波音苦情」の原因が一〇〇ヘルツ以上の騒音であることも多いので、低周波音専用の測定器だけでなく、騒音計も持って行くとよいでしょう。

■低周波音の周波数範囲は、なぜ一～八〇ヘルツなのか？

我が国で低周波音問題が発生したのは一九六〇年代後半のことです。耳には聞こえないのに、家の窓や戸ががたがたと音を立てて揺れるといった、いわゆる物的苦情が苦情の大半を占めていました。低周波音の音源は工場に設置された大型施設や道路高架橋、ダムの放流などで、主要成分は五〇ヘルツ以下の周波数域にありました。

環境庁（当時）では、一九七六年から低周波音の実態調査を開始しました（当時は低周波空気振動と呼ばれていました）。しかし、このころは低周波音用の測定器がなく、公害用振動計の加速度ピックアップを低周波音用に開発したマイクロホンに付け替えて測定していたのです（下図左）。公害用振動計とは、加速度型の振動ピックアップを接続することにより、地盤振動を測定する計測器です。

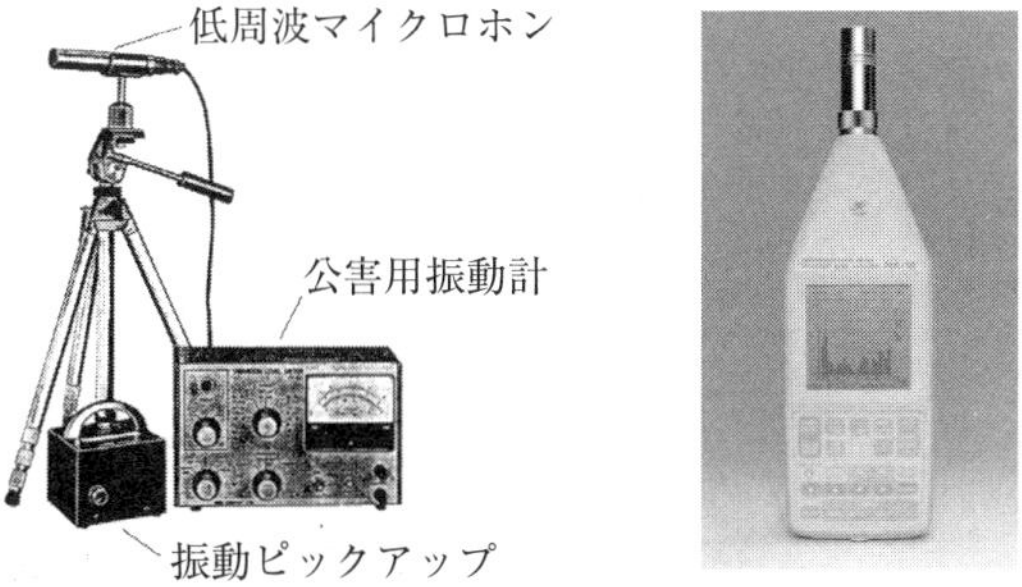

左：当初の低周波音と振動の測定器　右：低周波音レベル計

低周波音の測定器

公害用振動計の測定周波数範囲が一／三オクターブバンド中心周波数で一～八〇ヘルツであったことから、この周波数範囲のデータが蓄積されました。一九七九年には、騒音計タイプの低周波音レベル計が市販されています（前頁図右）。

一九八〇年代には超低周波音の対策が進み苦情は減少しましたが、その後、数十ヘルツの低周波音（低い周波数の騒音）による不快感や圧迫感の苦情がしだいに増加しました。これらの苦情は、騒音レベル（A特性音圧レベル）が環境基準を下回るにもかかわらず発生している場合が多く、新たな評価方法の検討が求められました。

低周波音の測定方法に関しては、それまで統一した方法がありませんでしたが、二〇〇〇年一二月に環境庁（当時）から「低周波音の測定方法に関するマニュアル」が公表されました。

その測定マニュアルでは、一／三オクターブバンド中心周波数で一～八〇ヘルツの音波を低周波音、このうち一～二〇ヘルツの音波を超低周波音と定義しています。低周波音の周波数範囲は騒音の周波数範囲と二〇～八〇ヘルツで重複していますが、これは数十ヘルツの音による不快感や圧迫感を考慮したためです。なお、超低周波音については、ISO（国際標準化機構）規格で規定された超低周波音の周波数重み付け特性であるG特性の周波数範囲（一～二〇ヘルツ）に対応しています。

■G特性って何？

通常、騒音の測定・評価をする際には、A特性音圧レベルを用います。A特性は

＊オクターブとは、元の周波数に対して二倍の周波数の関係を言います。ある周波数より一／三オクターブ高い周波数とは、元の周波数に対しておよそ一・二五倍の周波数のことになります。すべての周波数をこの周波数間隔で区切り、どのあたりの周波数成分の音が多く含まれるかを調べるのが周波数分析です。周波数分析器には、オクターブバンド分析器や一／三オクターブバンド分析器などがあります。

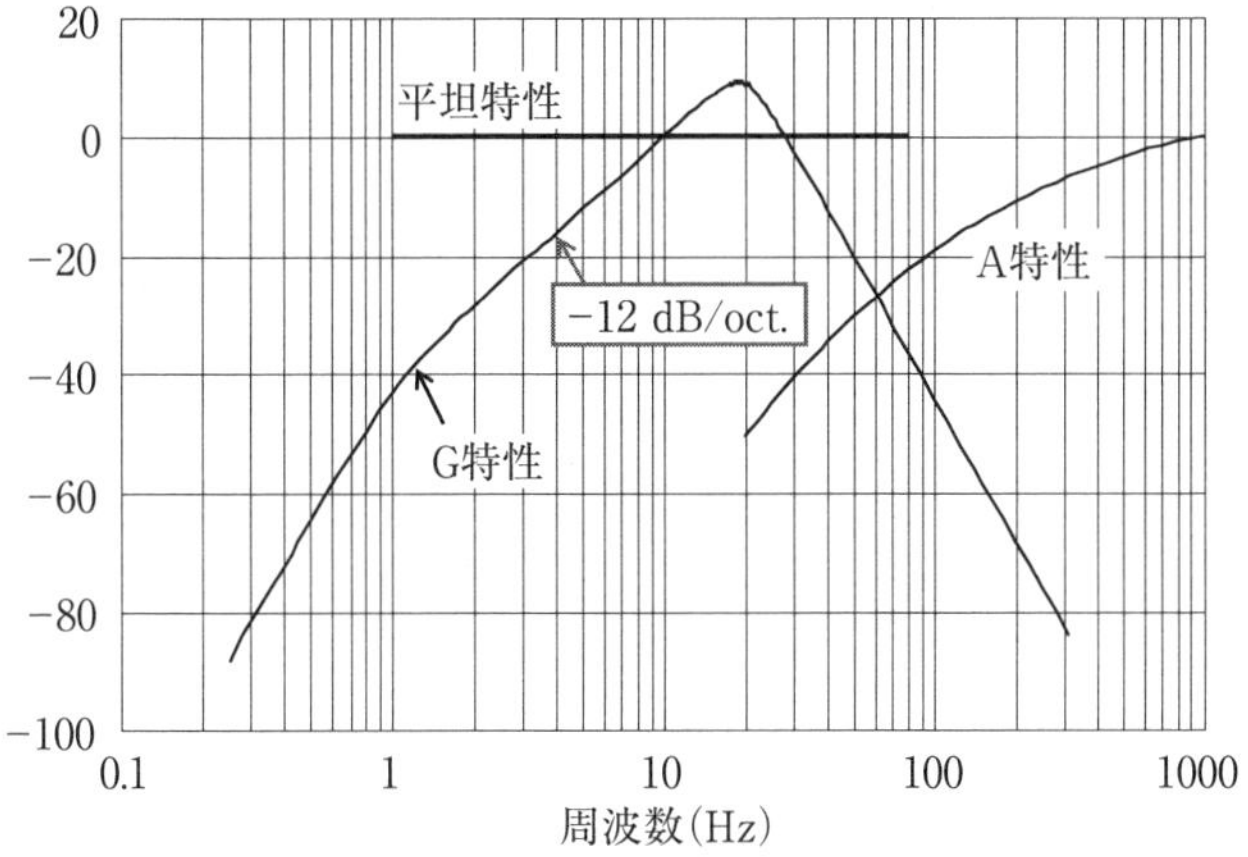

相対音圧レベル(dB)
20
0
−20
−40
−60
−80
−100
0.1
1
10
100
1000
周波数(Hz)
平坦特性
A特性
−12 dB/oct.
G特性

低周波音の周波数重み付け特性

人の音の大きさの感覚に基づく周波数重み付け特性で、可聴周波数域での特性が定められています。基準となる周波数は一〇〇〇ヘルツで、人の音感度を反映して、三〇〇〇ヘルツ付近の重み付けは大きく、これより周波数が低くなるにつれて重み付けが小さくなるような特性となっています。

　一方、G特性は、一～二〇ヘルツの超低周波音のための周波数重み付け特性で、一～二〇ヘルツにおける超低周波音の感覚閾値に基づいています。基準となる周波数は一〇ヘルツで、周波数が半分になると一二デシベル重み付けが小さくなるような特性となっています。

＊二〇ヘルツで比べると、A特性の重み付けはマイナス五〇デシベル、G特性の重み付けはプラス九デシベルなので、A特性とG特性ではおよそ六〇デシベルもの違いがあるのね。G特性音圧レベルで一〇〇デシベルの音はA特性音圧レベルではおよそ四〇デシベルだから、図書館の室内程度の静かさね。

■超低周波音の測定では風が大敵

風が吹いている中での低周波音の測定では、音を感知するマイクロホンの膜面が風によって振動して雑音が発生し、正確な値が得られない場合があります。

よく、「風速がどのくらいまでなら測定できますか」と質問されることがあります。風雑音は低い周波数ほど大きな成分を含んでいるので、対象とする低周波音の音圧レベルが低いほど、また、周波数が低いほど、風による影響を受けやすくなります。したがって、一概には言えませんが、たとえば数ヘルツに主要な周波数成分がある低周波音で、音圧レベルが八〇デシベル程度の場合、風速一メートル／秒をこえると風の影響があります。

　低周波音の測定では、現場で草が風で揺れているか、木が風で揺れているかに注目します。対象とする低周波音の音圧レベルが低い場合には、草が風で揺らいでいない、風のない日や時間帯を選んで測定します。

　騒音の測定では風雑音を低減するため、直径七〜九センチメートル程度の球形のウレタン製のウインドスクリーンをマイクロホンに装着しますが、低周波音の測定ではあまり効果は見込めません。風雑音による影響を低減するには、風雑音低減効果の大きいウインドスクリーンの装着をお薦めします。

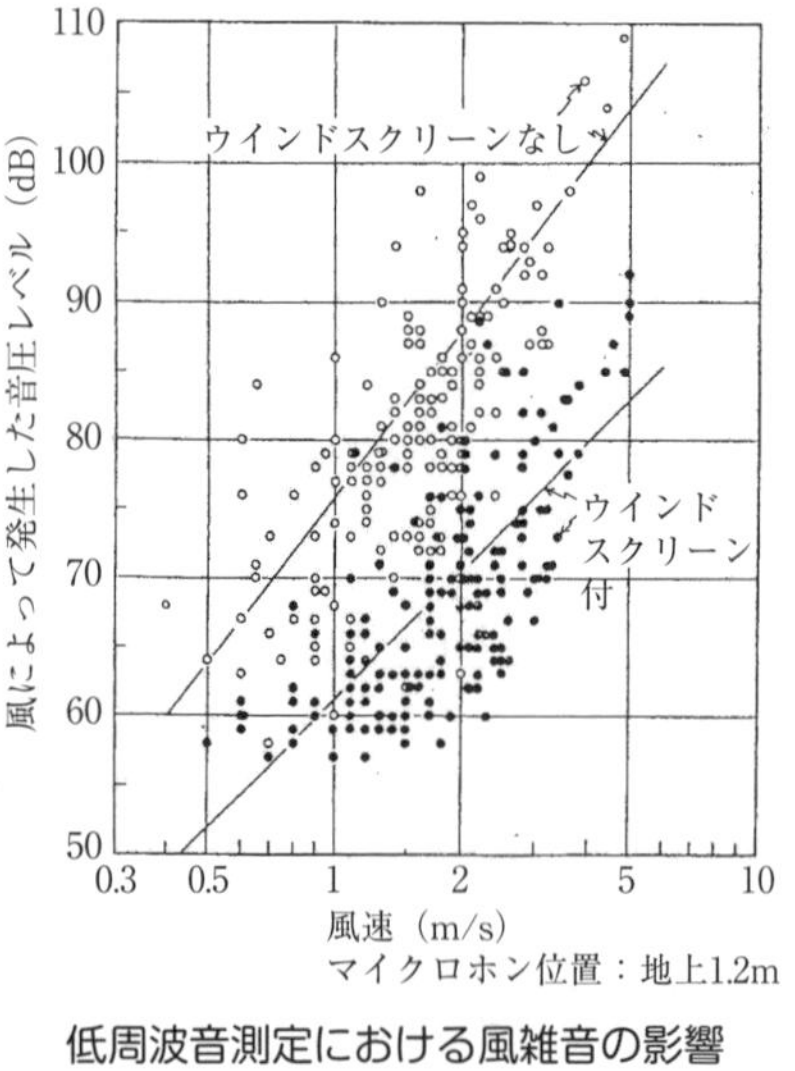
風によって発生した音圧レベル（dB）
110
100
90
80
70
60
50
0.3
0.5
1
2
5
10
ウインドスクリーンなし
ウインド
スクリーン
付
風速（m/s）
マイクロホン位置：地上1.2m

低周波音測定における風雑音の影響

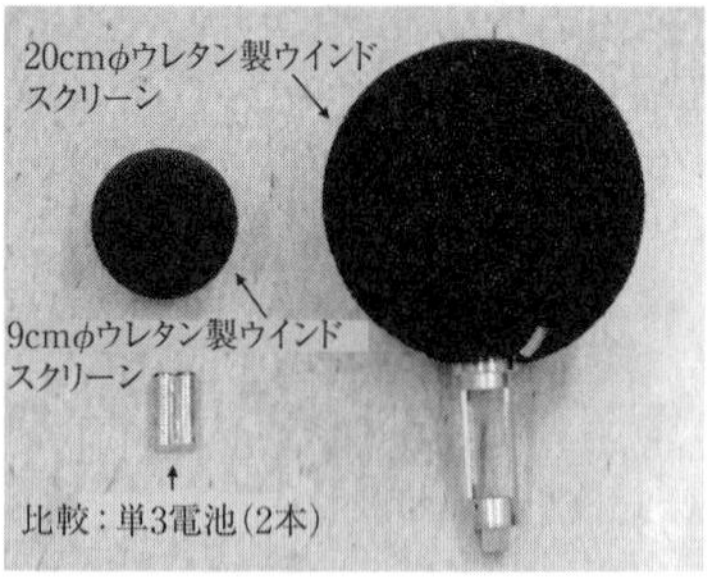
20cmφウレタン製ウインド
スクリーン
9cmφウレタン製ウインド
スクリーン
比較：単3電池（2本）

ウレタン製ウインドスクリーン

Ⅱ節　低周波音苦情の診断と対策

低周波音苦情の診断（音源の特定）

■低周波音苦情の原因は必ずしも低周波音とは限らない

「音が聞こえないのに体調が悪いのは低周波音のせいだ」という人がいます。音が聞こえない（または感じない）にもかかわらず問題となるような大きさの低周波音が発生していたとすれば、それは二〇ヘルツ以下の超低周波音でしょう。

下図は、人の低周波音に対する閾値と、低周波音による建具のがたつき始める音圧レベルの実験結果とを重ね描きしたものです。人は音の周波数が低いほど感度が悪く、周波数が高いほど感度がよくなります。一方、建具は建具ごとに揺れやすい周波数をもっており、全体的にみると五～一〇ヘルツ程度では低い音圧レベルでがたつきやすく、周波数が高くなるにつれて高い音圧レベルでないとがたつきにくくなる傾向にあります。

低周波音の感覚閾値と建具のがたつき閾値を重ねて描くと、お

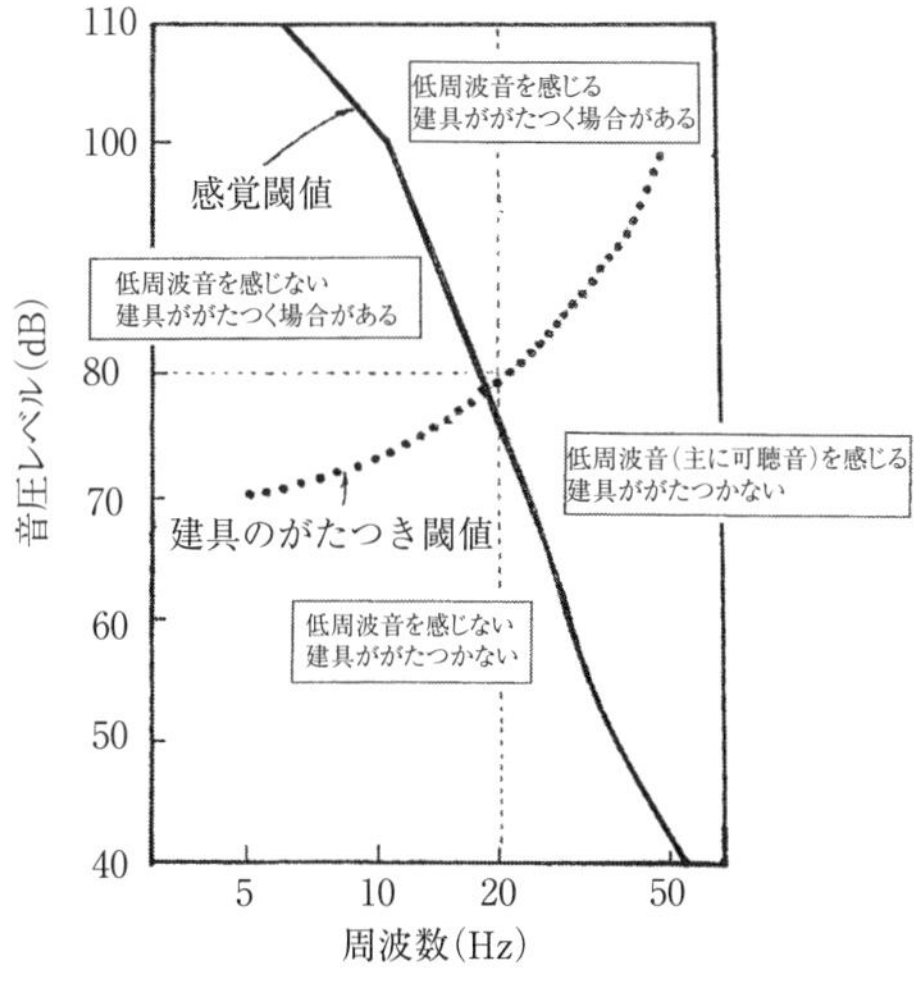
低周波音を感じる
建具ががたつく場合がある
感覚閾値
低周波音を感じない
建具ががたつく場合がある
低周波音（主に可聴音）を感じる
建具ががたつかない
建具のがたつき閾値
低周波音を感じない
建具ががたつかない
音圧レベル(dB)
110
100
80
70
60
50
40
5
10
20
50
周波数(Hz)
低周波音による領域区分

よそ二〇ヘルツで八〇デシベルのところで交差します。二〇ヘルツ以下の周波数では建具のがたつき閾値は感覚閾値より低いので、超低周波音では人より窓の方が敏感ということになります。したがって、人に影響があるような大きさの超低周波音が発生していたとすれば、窓や戸などの建具ががたついている可能性が高いでしょう。また、超低周波音の波長は非常に長いので、周辺に家屋があれば、その人の家だけでなく、周辺の家屋でも建具のがたつきが発生するでしょう。

音を感じず窓や戸もガタガタしていない場合、体調不良や不快感の原因は低周波音ではない可能性も疑ってみる必要がありそうです。

Dr.Noiseの解説

低周波音の苦情が寄せられた場合、推定される音源の稼動状況と苦情の発生状況との関連性（対応関係）があれば、推定された音源からの音または振動が苦情の原因である可能性があるんじゃ。その際、苦情の原因が低周波音によるものか否かを判断する目安として示されたのが「参照値」なんじゃ。

両者の間に関連性がない場合は、推定された音源によるものではないか、あるいは音・振動以外（自身の耳鳴りなど）が原因である可能性もあるんじゃ。

詳しくは、環境省の「低周波音問題対応の手引書」に載っておるんじゃな。

■苦情が発生する時刻に現場に行って音を聞いてみるのが鉄則

低周波音の苦情が寄せられたら、苦情が発生する時期・時刻に現場に行き、苦情を申し立てられた場所で実際に音を聞いてみるのが鉄則です。夜に苦情が発生しているのに昼間に現場へ行っても、暗騒音が大きくて問題となる音を確認できないことがあります。また、音源の稼動状況によっては、決まった時間しか稼動しない場合もあるでしょう。

屋内で不快感があるような場合には、苦情者が問題の音を感じる部屋のもっとも感じやすいと訴える場所で音を聞きます。周波数によっては、室内における音の反射や干渉による影響で、極端に音の小さい場所や大きい場所があることも頭においておくとよいでしょう。

苦情者の聴力は一般の人に比べて必ずしも良いとは限らないので、問題となる音が発生していれば、正常な聴力をもつ人なら誰でも聞き取れるはずです。

苦情者の訴える音が二〇ヘルツ以下の超低周波音であれば、建具のがたつきなどの苦情を訴える人が周囲にいないかの調査も大切です。ただし、問題が生じるような大きさの超低周波音が発生するには、それなりの大きさの音源がまわりになければなりません。近くに大きな工場や堰などを探してみる必要があります。

問題が生じるような施設等がまわりに見あたらない「音源不明」の苦情には要注意です。その場合は、他の原因も疑った方が賢明でしょう。

音源をつきとめるには?

■音源と想定される施設を稼動・停止させる

苦情となる音源が想定されている場合には、音源となる施設を稼動・停止させ、音源側と苦情者側での音の対応を確認します。その際、音源側と苦情中立者側で同時測定を行います。不快感等の苦情では、苦情者の体感調査も併せて行います。

たとえば、音源の稼働・停止に伴い、音源側と苦情中立者側で観測された音の音圧レベルが時間的に対応して変化しているか、音源の稼動時に音源側で観測される音の特徴的な周波数が中立者側でも観測されるかを調べます。また、音源の稼働・停止と苦情者の不快感の有無、あるいは家屋の窓や戸のがたつきの発生状況との間に関連性が認められるかを調査します。

施設の稼動・停止と関連性が認められれば、その施設が音源の可能性があります。関連性がなければ、他の音源を探すか、あるいは低周波音以外の原因の可能性を検討します。

■たくさんの音源の中から問題となる音源を特定する場合

周囲に複数の音源があり、その中から問題となる低周波音の音源をつきとめるには、以下の方法があります。

① 苦情の発生する時間帯をメモしておくとともに、周辺に低周波音を発生する可能性のある工場・施設等の有無を調べます。

② 苦情者宅の周囲でいくつかの代表点を選んで低周波音を測定し、音圧レベルの変動、卓越周波数成分の共通性などを手がかりに、問題となる音源が存在すると思われる区域（工場など）を少しずつ絞り込んでいきます。

③ 絞り込まれた区域で低周波音発生の可能性のある機器の音を近傍で測定します。音源と苦情者側で観測された音の周波数的な特徴が一致すれば、それが音源である可能性があります。

④ 最後に、その機器の稼動・停止を行い、六六頁「音源と想定される施設を稼動・停止させる」で触れたように、苦情者の訴えとの対応を確認します。

■音源からの音波の到達時間差を利用する方法―二つのマイクロホンの位相差を利用する方法―

次頁図(a)のように二つのマイクロホンを少し離して設置し、音源からA、Bマイクロホンとの距離（L_1、L_2）の違いによる音波の到達時間差（位相差）を測定すると、音源の方向を知ることができます。

図(a)下側のようにマイクロホンの位置を動かして音源と二つのマイクロホンとが同じ距離（同位相）となる場所を探しだすと、そのマイクロホンを結ぶ線と垂直の方向に音源があります。この測定を次頁図(b)のように二箇所で行うことにより、そ

＊比較的高い周波数の音であれば、人は頭や耳介による遮蔽効果で生じた左右の耳に伝わる音の強さの差で、低い周波数では左右の耳に伝わる音の時間差（位相差）で音の来る方向を感じ取ることができます。しかし、波長の長い低周波音では、位相差が判断しにくくなるため、その到来方向を知ることは難しいようです。

れらの方向の交差する位置に音源が見つかります。

最近はコンピュータで高度な計算が瞬時に行えるため、たくさんのマイクロホンを使用して音源の位置をより簡単に探知できる方法も実用化されています（図(c)）。

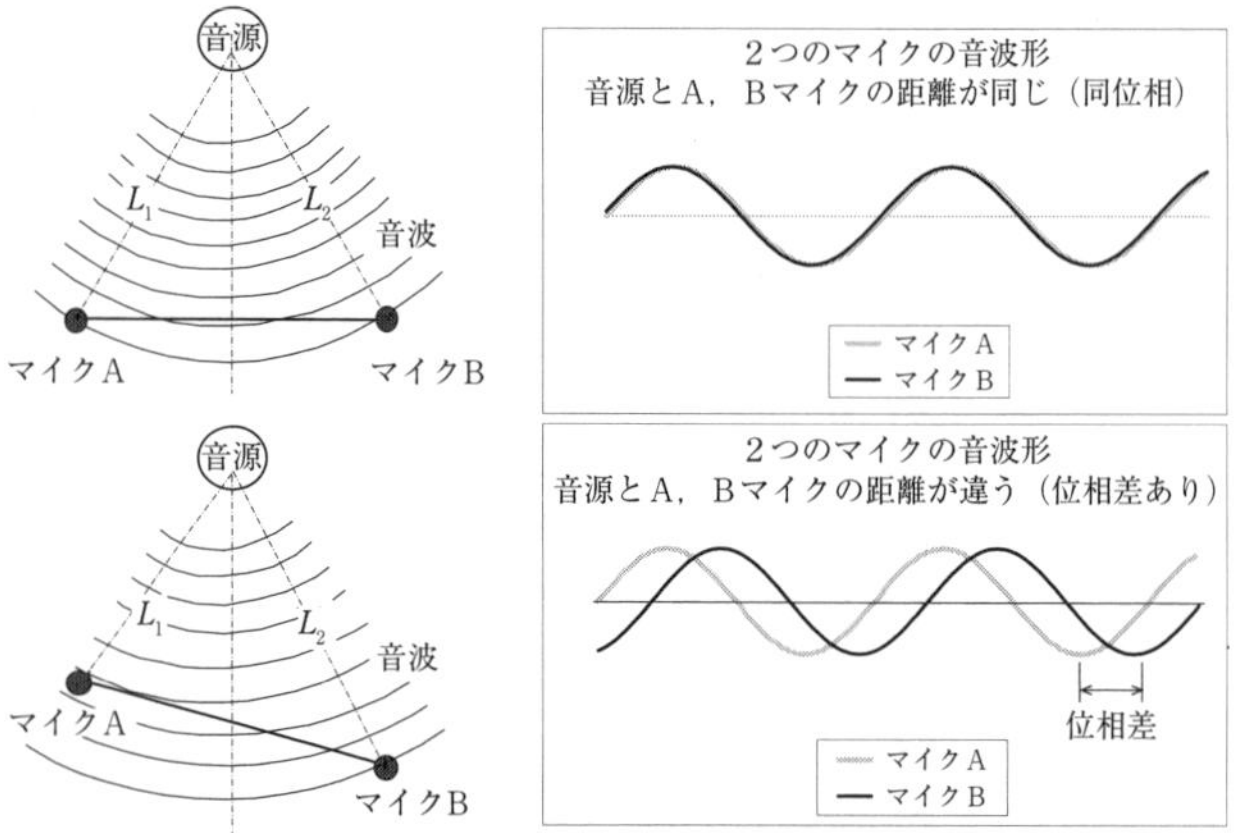

(a)

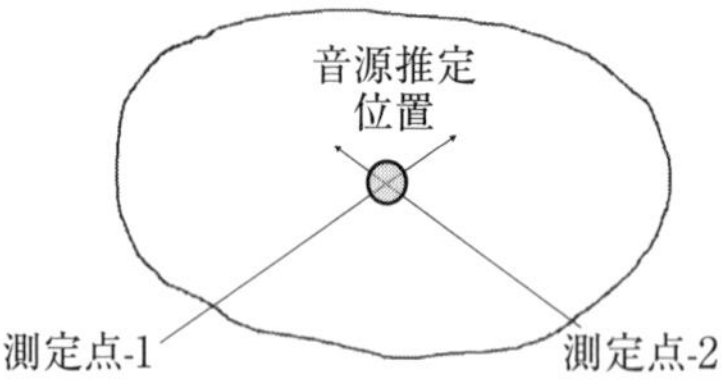

(b)

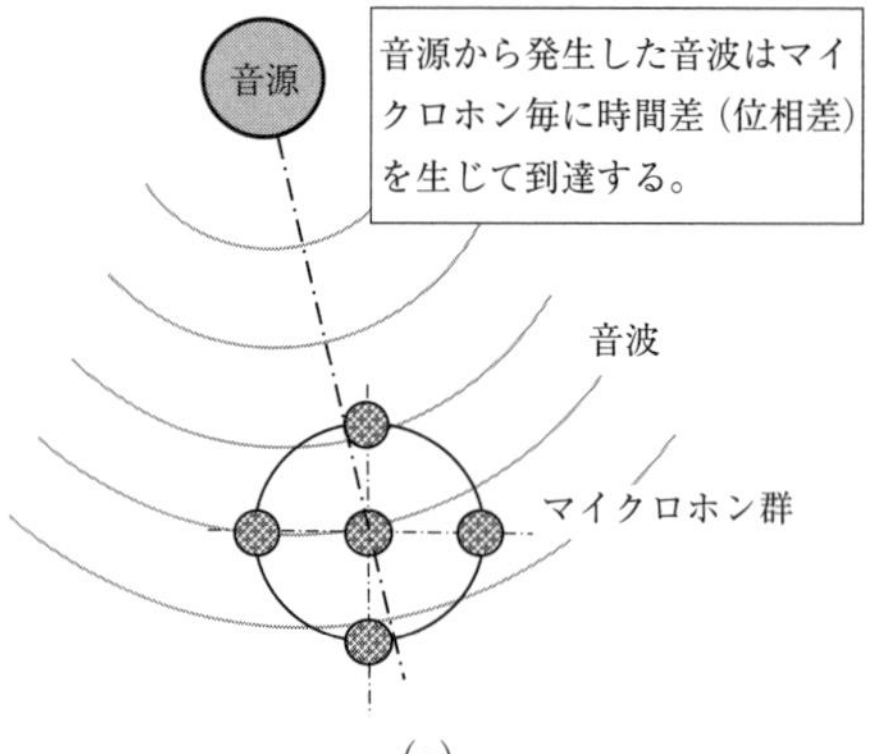

(c)

■周囲に音源が見当たらない場合

最近、音源不明の低周波音苦情が増えています。このような苦情の場合、どのような対応をしたらよいのでしょうか。

いかなる場合にも共通しますが、まずは苦情の内容をよく聞くことです。いつ、どこで、どんな音が聞こえるか、あるいは建具のがたつきがあるかなどを詳しく聞きます。

実際に苦情者の家で、問題となる「低周波音」を聞いてみましょう。聞こえれば、問題となる低周波音が存在する可能性があります。その場合には、苦情者の周辺で音源になりそうなものがないかを調査します。そして、音源がたくさんある場合（六六頁参照）と同様の方法で、苦情者が訴える音源の可能性があるものを絞り込んでゆきます。

早朝や夜間のようにまわりが静かな場合には、遠方の音を聞いている可能性もあります。住宅が近接している場合や集合住宅などの場合には、エアコンの室外機、ボイラー、上階の洗濯機などの稼動音が苦情の原因である場合もあります。

問題となる「低周波音」が聞こえない場合には、苦情者に「低周波音」が聞こえる時間帯と聞こえない時間帯、あるいは「低周波音」が聞こえる部屋と聞こえない部屋で何回か音を測定します。

結果を解析して両者の測定結果に違いがみられなければ、低周波音以外の原因を考えます。

なお、違いがある場合には、低周波音が聞こえる条件下の測定結果にみられる、閾値を上回る卓越成分が苦情の原因である可能性があります。

低周波音はこうすれば低減できる!

■低周波音対策の考え方

通常、騒音対策は次の三つに大別されます。音源の対策（防音カバー、消音器の設置など）、伝搬経路上の対策（防音壁の設置など）、受音側建物の対策（二重窓の設置など）です。

低周波音は波長が長く、建物や塀などの障害物をまわり込みやすい性質があり、伝搬経路上における対策は大規模なものになります。これは費用対効果の観点からも合理的ではありません。また、受音側で対策を施すにしても、住宅の窓、外壁などでは、低周波音はあまり減衰することなく伝わることが知られています。したがって、低周波音については音源で対策を行うのが好ましいといえます。

■コンプレッサーやエンジンから発生する低周波音は確実に低減できる!

コンプレッサーやエンジンなど低周波音を発生させる機器は、吸気管や排気管に消音器を設置して低周波音を低減させることができます。

消音器とは、管路に挿入し、流体の流れに支障なく音を低減させるものです。代

低周波音の伝搬

表的な消音器としては、自動車の排気管に取り付けられているマフラーがあります。

普通、送風機などの騒音の低減にはグラスウールなどの吸音材を内部に配置した吸音型消音器が多く用いられますが、低周波音に対しては吸音効果が見込めないため有効ではありません。

低周波音を低減するには、共鳴や干渉等の音響原理を利用した消音器が用いられます。

簡単な消音器として下図(1)に示すような、音波が通過している管路途中に低減したい周波数の四分の一波長の枝管(サイドブランチ)を設けることにより、枝管の管端からの反射音との干渉により大きな減音効果を得るものがあります。

また、下図(2)に示す拡張型消音器は、音には管路が急拡大・急縮小する部分で反射する性質があることを利用し、管路の途中に拡張室を設けることにより反射を生じ

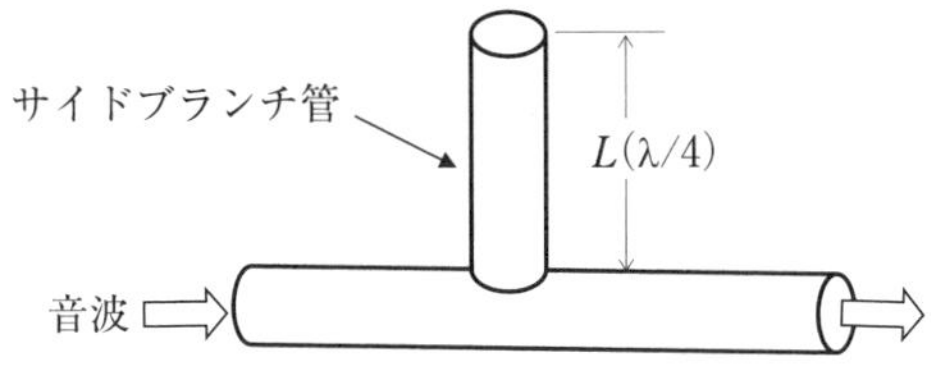
サイドブランチ管
L(λ/4)
音波
主管路
図(1)　サイドブランチ型消音器

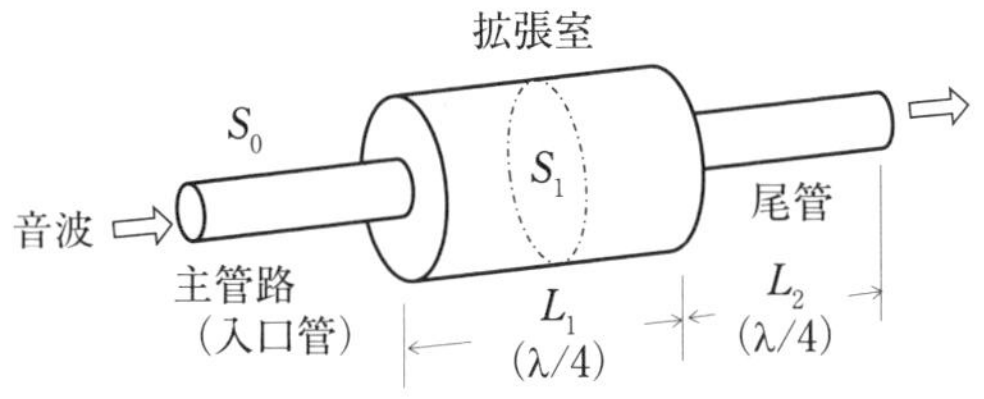
拡張室
S0
S1
音波
尾管
主管路
（入口管）
L1
(λ/4)
L2
(λ/4)
図(2)　尾管付き拡張型消音器

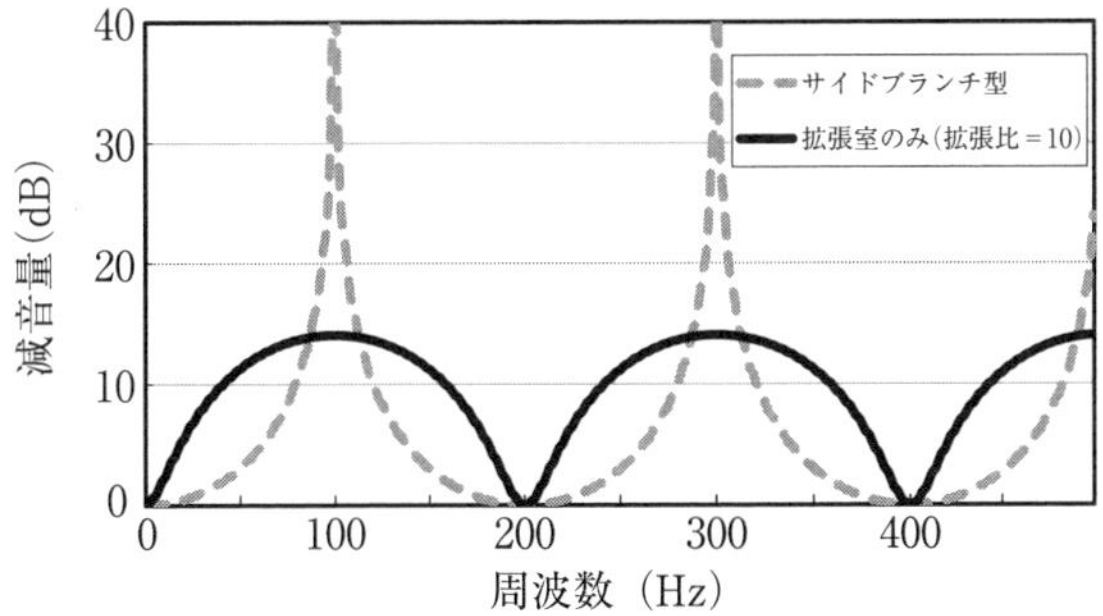
40
30
20
10
0
減音量(dB)
サイドブランチ型
拡張室のみ(拡張比＝10)
0
100
200
300
400
周波数（Hz）
図(3)　消音器の減音特性例

させ、進行する音波と反射音波の干渉により音を低減させせます。

二つの消音器の減音特性は前頁図(3)に示すように、サイドブランチ型消音器は特定の周波数が卓越した低周波音には効果が大きく、拡張型消音器は減音効果の範囲が比較的広いのが特徴です。前頁図(3)の減音特性は、拡張室およびブランチ管の長さが〇・八六メートルで拡張室型の拡張比（S_1/S_0）が一〇の場合の減音特性を示します。たとえば、一六ヘルツの超低周波音を低減するには、拡張型消音器では拡張部の長さが、サイドブランチ型では枝管の長さがどちらも五・三メートル（一六ヘルツの波長の四分の一）必要です。

これらの消音器は、大型送風機、レシプロコンプレッサー、ディーゼルエンジン吸排気などの消音に用いられます。

■音で音を消す！

アクティブ・ノイズ・コントロール（Active Noise Control　以下、ＡＮＣ）技術は、機械の出す音波と逆位相の音波を人工的に発生させて、干渉現象により消音するものです。すなわち、大気圧より圧力の高い波に、同じ大きさで大気圧より圧力の低い波を重ね合せることによって大気圧になり、音がなくなるというものです。

この技術を応用した消音器は、圧力損失がないコンパクトな装置で、卓越性の低周波音を効果的に低減できるなどの利点があります。単純なシステムはマイクロホン（信号検出用、モニタ用）、コントローラ、パワーアンプ、スピーカーから構成

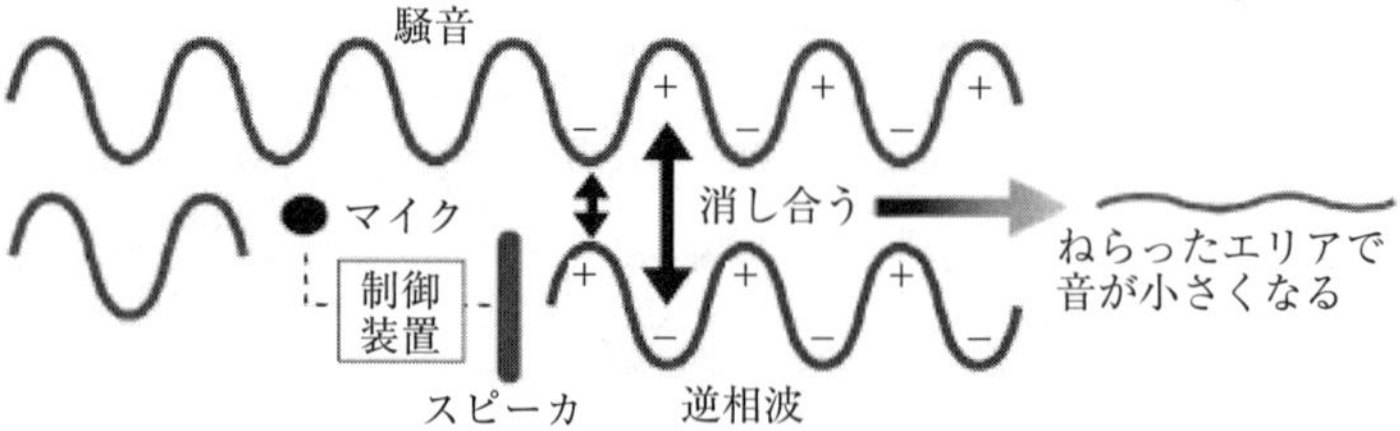
騒音
マイク
制御装置
スピーカ
消し合う
逆相波
ねらったエリアで音が小さくなる

ＡＮＣの基本原理

されます。

ＡＮＣ技術は、周波数範囲三〇～二〇〇ヘルツ付近に卓越成分をもつ低周波音に対して効果的です。なお、外耳道内などのように消音対象の空間が狭くなると、より高い周波数の消音も可能です。

現在、乗用車室内の騒音低減、ディーゼルエンジン排気音の低減、イアーマフなどに実用されています。

Dr. Ｎｏｉｓｅの解説

音波は、大気圧よりわずかに圧力の高い／低いが繰り返される現象じゃ。逆位相とは、一方の音波の圧力が高い位置に、もう一方の音波の圧力が低い位置がくることじゃ。

ＡＮＣは、機械から発生する音響パワーとスピーカーの音響パワーが同等でなければいけないんじゃ。

■機械の音は機械の音で消す

振動ふるいは、鉄鉱石・土砂などをふるい分け、振動コンベアは粘着性の物質などを搬送する機械です。これらの機械は、面の振動により機構的に超低周波音を発生します。

超低周波音を発生する機械が複数台あるような場合は、機械自身の運転制御（タ

＊機械は回転あるいは振動のタイミングにより、発生する音の位相が異なります。複数の機械が稼働するとき、ある時間、ある位置において合成した音圧が小さくなるように各々の機械を制御することによって音を低減できます。

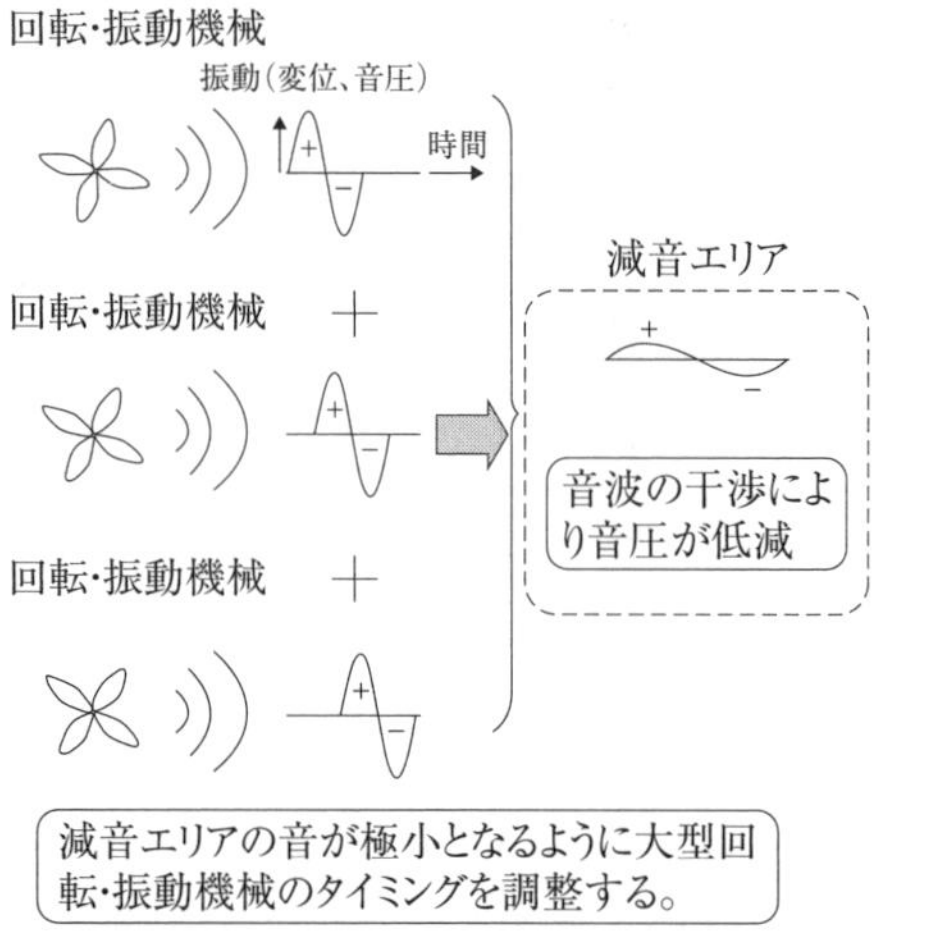
回転･振動機械
振動（変位、音圧）
時間
回転･振動機械
回転･振動機械
減音エリア
音波の干渉により音圧が低減
減音エリアの音が極小となるように大型回転･振動機械のタイミングを調整する。

複数の波が重ね合わされて波（音波）がなくなる様子

イミング調整）により、ＡＮＣと同じ原理（スピーカーの代わりに機械の発生音を利用します）で超低周波音を低減することが可能です。

製鉄所や土木工事現場の振動ふるい、工場の振動コンベアなどから放射される超低周波音の低減などに実用されています。

Dr.Ｎｏｉｓｅの解説

通常のスピーカーでは大きな超低周波音を発生することはできないんじゃ。ただ、このシステムは調整を誤ると音圧が逆に大きくなる場合もあるので、注意が必要じゃな。

■低周波音は遮音できる

遮音とは、隔壁により音を遮ることで、音源側の音を受音側へ通さないことです。

通常、性能は音響透過損失（デシベル）で表し、板状材料の透過損失は、周波数が同じであれば、板の面密度（単位面積当たりの質量）が大きいほど大きくなります（この関係を質量則といいます）。騒音の検討は、この考えに基づいて行います。

一方、低周波音（板の固有振動数以下の周波数域）の場合は、平板の剛性が支配的になります（剛性則といいます）。とくに超低周波音の遮音は、リブ等で補強するなどして高剛性構造にすると、大きな透過損失が得られるので効果的です。

下水道や地下鉄の建設工事などで用いられる大型振動ふるいから発生する超低周波音の低減策として、高剛性の遮音パネルで囲い、内側に吸音の目的で共鳴器（九頁参照）を配置する方法などが実用されています。

Dr.Noiseの解説

質量則による透過損失は材料の面密度が二倍になると透過損失は五デシベル大きくなり、同一材料の場合、周波数が二倍になると五デシベル大きくなるんじゃ。

一方、剛性則は、材料の等価剛性が二倍になると透過損失は六デシベル大きくなり、また、周波数が半分になると六デシベル大きくなるんじゃ。

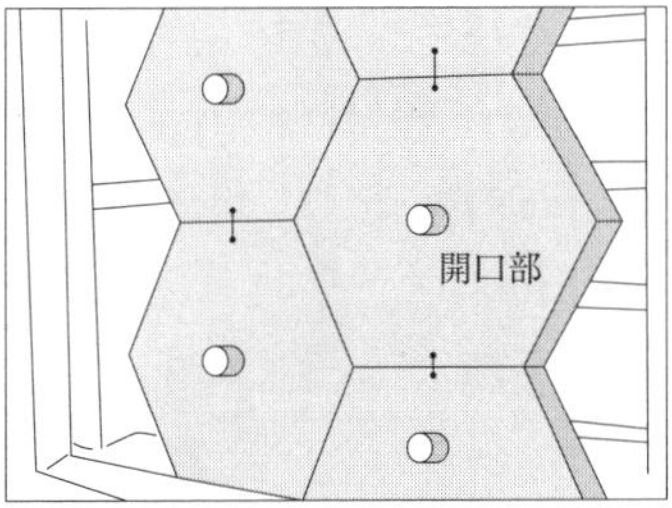

共鳴器の模式図

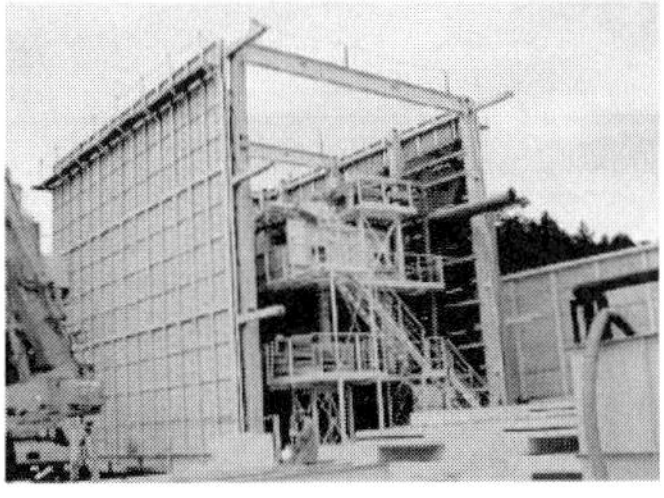

振動ふるいの超低周波音用防音カバー

5 低周波音のちょっといい話

低周波音の利用

■低周波音で煙突掃除

低周波音は、煙突内やボイラー伝熱器表面のすす落し、あるいは燃焼促進などにも応用されています。

スウェーデンのインフラソニック社は、低周波音の大音圧発生装置を開発し、さまざまな工業分野で応用しています。この装置は、空気が細孔から吹出す時に発生する音波を共振菅（約四メートル、二〇ヘルツの一／四波長）で増幅させ、二〇ヘルツの大音圧を発生させるものです。低周波音の圧力変動により、煙突内面に付着したすすが落ち、内面がきれいになります。

また、燃焼ガスは粒子（灰、未燃炭素、噴霧上の石灰石・アンモニアなど）を含み、その粒子が伝熱器表面に付着し、熱効率が低下します。従来から、表面に空気または蒸気を吹き付けてすすを落す方法（スーツブロワといいます）が主流になっています。この方法にはジェット

円筒状の大型スピーカーで煙突掃除

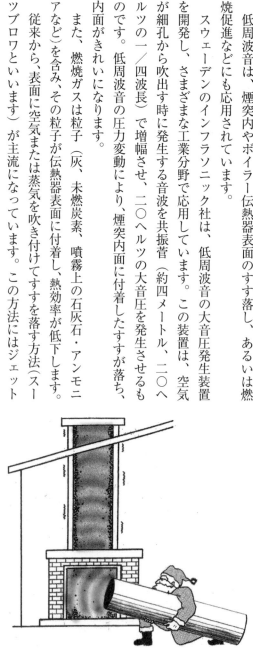

流の届かない部位がある、ジェット流が伝熱器表面を侵食する、ジェットの吹出し口を移動するため広い設置スペースが必要になるなどの欠点があります。低周波音によるクリーニングでは伝熱器表面をもつすべての空間が音波で満たされ、上記の欠点を補うことができます。

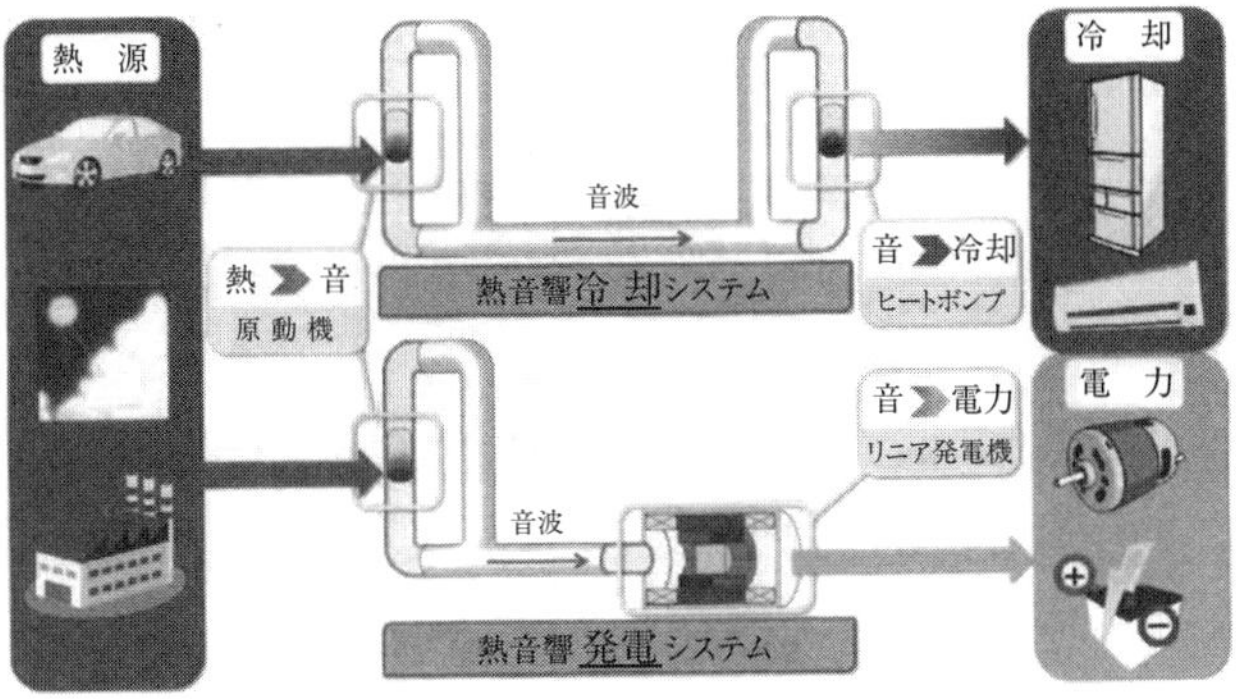

音波で発電・冷却

■低周波音を利用した発電と冷却

音波から熱へ、熱から音波へのエネルギー変換技術が熱音響分野で研究されています。工場などの廃熱を利用して音波を発生し、リニア発電機などを駆動する発電や、温度勾配を応用した冷却の実用検討が進められています。これらの熱音響現象では、数十～数百ヘルツの低い音が利用されます。

音波が波長の数千分の一程度の細管内を伝搬する場合、瞬間的に壁面温度と気体の温度が同じになります。この場合、流路壁と気体間で熱交換が行われます。

細管の長手方向に温度差をつければ音波が発生し、音波が細管内を伝搬すれば温度差が生じます。

工場廃熱などにより細管の束の長手方向に温度差を設け、管内に音波を発生させて、音波の力でリニア発電機等を駆動して発電します。リニア発電機とは板の振動により誘導起電力を発生させるもので、電気から音波を発生させるスピーカーの逆の原理を利用したものです。

また、工場廃熱などを利用して音波を発生させ、音波を細管に再入射させると細管の長手方向に温度差が生じます。この細管の高温部を水などで冷やすことで、低温部の温度をより下げることができます。これを応用して冷却を行います。

Dr. Noiseの解説

熱音響現象としてよく知られているのがレイケ管じゃ。オランダのR.Rijkeが一八五九年に発見したもので、両端開管で下部出口から一／四の位置に金網などを置いて加熱すると、気柱共鳴の周波数に近い音波が発生するんじゃ。この原理は、ガスオルガン、ディーゼル機関の排気管系の設計などにも応用されているんじゃな。

■低周波音による海底の資源探査

大音圧を発生できる水中低周波音源を観測船でえい航し、反射音を水中マイクロホンで受けて分析することにより、海中の音波伝搬特性や海底の反射特性を知るこ

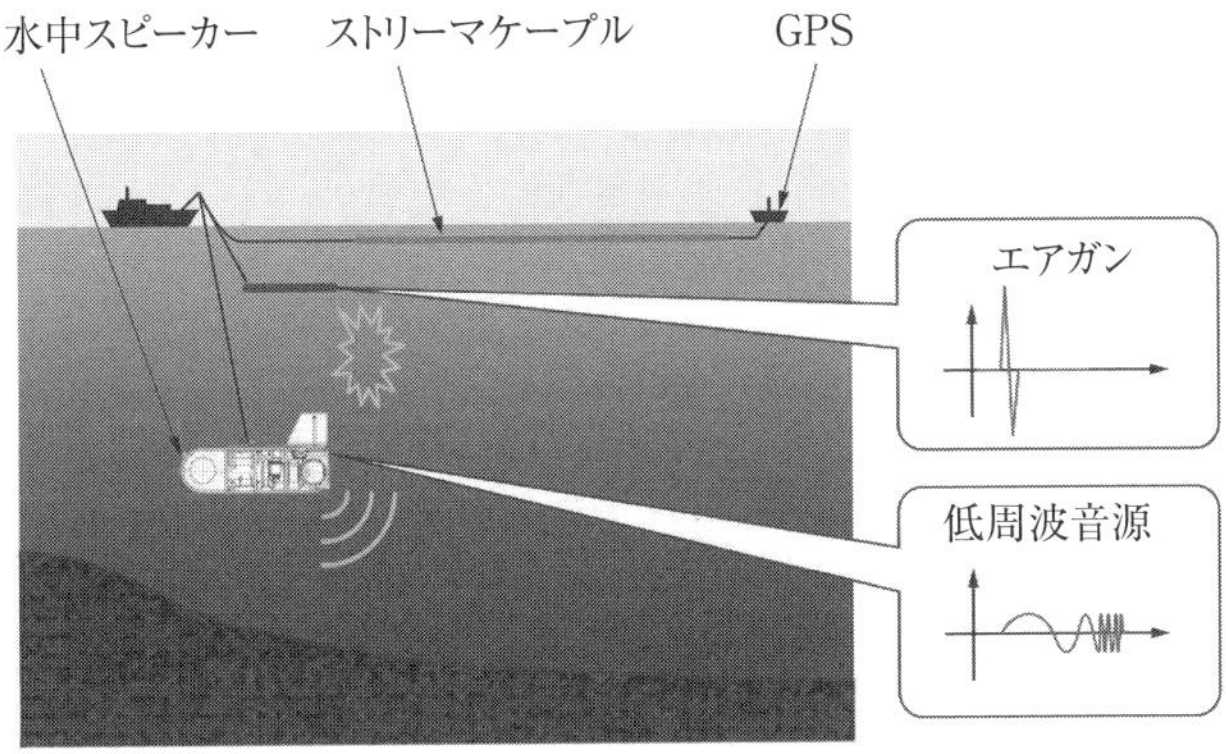
水中スピーカー
ストリーマケーブル
GPS
エアガン
低周波音源

海底の資源探査

とができます。海底には、石油・天然ガス、メタンハイドレードのような燃料資源、レアメタルなどの鉱物資源、微生物資源が豊富にあるといわれています。現在は海中でエアガンなどを用いて衝撃音を放射し、その反射音を分析することによる探査が主です（反射法地震探査といいます）。この方法では、クジラやイルカなど海洋哺乳類への影響が懸念されるため、これに代わるものとして、衝撃性ではない水中低周波音源の活用が期待されています。

Dr. Noiseの解説

水中低周波音源は、油圧駆動方式を採用することで放射板の大振幅化が可能になり、大音圧の低周波音を発生できるんじゃ。装置内部に二台の油圧アクチュエータが搭載されており、それぞれの先端に放射板が取り付けられているんじゃ。雑音レベル

の大きい海中でも安定的に大音圧の音波を放射でき、海底地質内部に音波を深く浸透させることができるんじゃな。

■スペースシャトルの爆発事故の際の超低周波音が観測されていた!!

アメリカのスペースシャトル計画は、アメリカ政府とNASAによって行われた有人機打上げ計画で、同じ機体を用いて打上げ、軌道周回、着陸が繰り返し行われました。一九八一年四月の「コロンビア号」の打ち上げに始まり、二〇一一年八月に終了しています。その中で、「チャレンジャー号」の爆発事故はもっとも大きな事故といえるでしょう。

「チャレンジャー号」は、一九八六年一月二八日にフロリダのケネディ宇宙センターから打ち上げられましたが、打ち上げからわずか七三秒後に爆発分解し、七名の乗務員が犠牲になりました。

中国科学院声学研究所のYang教授らは、超低周波音計測用の測定装置を用いて、地震、台風、爆発などに伴って発生する超低周波音の観測を行っています。この測定装置で、「チャレンジャー号」の爆発事故に伴う超低周波音が観測されました。

「チャレンジャー号」の爆発事故に伴い発生した超低周波音は、爆発から一三時間後に約一四三〇〇キロメートルも離れた北京で観測されました。これによると、超低周波音の伝搬速度は約三〇〇メートル/秒で、音圧振幅は最大三一・五パスカルであったそうです。

Dr.Noiseの解説

非常に低い周波数の音波を計測するには、規模の大きな特殊な装置が必要なんじゃ。Yang教授らは低周波音計測用のマイクロホンをたくさん並べて風などの影響を排除することで、遠方の超低周波音を観測することができたんじゃな。

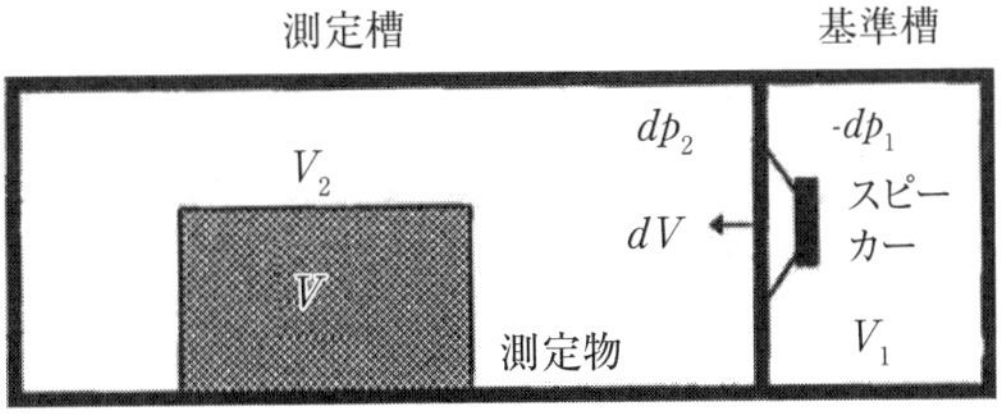
測定槽
基準槽
dp_2
$-dp_1$
V_2
スピーカー
dV
V
測定物
V_1

音響式体積計の構造

■低周波音で体積を測る

「アルキメデスの原理」というのを中学校か高校で習った記憶はありませんか。「重力の下で静止した流体中に置かれた物体は、物体によって押しのけられた流体の重さに等しい浮力を受けて軽くなる」という原理です。

物体の体積は、これまではアルキメデスの原理を利用して測定していました。そのため、測定する物体を水に浸さなければなりませんでした。なんとか物体を水で濡らさずに体積を測定できないものか。

そんな要求に応えるべく、音を用いて物体の体積を測定する装置が開発されました。それが音響式体積計です。音響式体積計には、基準槽と物体を入れる測定槽が設けられています（これらの槽にはもちろん、水は入っていませ

＊伝説によると、アルキメデスがシチリア島のシラクサの王から王冠の金の純度を調べるよう命じられた際に、風呂に入って水があふれだすとともに自分の体が軽くなったことから発見したといわれています。水をいっぱいに張った水槽に物体を入れると物体の体積分の水が流れ出ます。流れ出た水の重さが浮力と等しくなるというものです。

ん）。音響式体積計では、測定する物体のある場合とない場合の音圧の変化分から、物体の体積を求めることができます。音響式体積計の構造を前頁図に示します。測定する物体の大きさ（物体を入れる装置の大きさ）により異なりますが、発生音には数ヘルツから数十ヘルツの低い周波数の音が用いられています。

■低周波音で桃やぶどうの甘さがわかる！

従来、果物の糖度の測定には糖度計が用いられてきました。この方法は、水に溶けている糖分の量（濃度）により光の屈折率が変化する性質を利用したもので、測定をするには果汁を絞らなければならず、全数を測定することはできませんでした。

果物の糖度を非破壊で推定する方法として近赤外線を用いる方法が開発され、糖度検査に利用されています。しかし、この方法は装置が高価であること、測定部位が果実の一部だけであることなどの問題点がありました。また、ぶどうのように形状の特殊なものには近赤外線法を用いることが難しく、実用化されていませんでした。

新たな測定方法として、音響式体積計を用いた糖度検査法が開発されました。果物の糖度と密度（質量／体積）から得られた比重との間に非常によい相関関係があることに着目し、果物の重量を測定し、音響体積計により体積を測定することで、糖度を算出しています。この方法により、ぶどう全粒の平均糖度を得ることができるようになりました。

このほか、桃の糖度検査における体積測定にも音響式体積計が使われています。

おわりに

超低周波音のエッセイ

■甲子園の詩

「低周波音」「超低周波音」という言葉は、良きにつけ悪しきにつけ、一人一人がその人なりのイメージをもっていると思います。

二〇〇六年八月二〇日、駒大苫小牧（駒澤大学附属苫小牧高等学校）と早実（早稲田大学系属早稲田実業学校）との間で行われた夏の甲子園決勝は、延長一五回で決着がつかず、三七年ぶりの引き分け再試合となりました。

作詞家の阿久悠は、自身のオフィシャルホームページ「あんでぱんだん二〇〇六甲子園の詩　3　二〇〇六年　いい夏」の中で、翌二一日の球場の高揚した様子を、「超低周波の音」に喩えて次のように書いています。冒頭部分を次に引用します。

昨日から持ち越した興奮が
超低周波の音のように
甲子園球場に満ちた

静寂でありながら
鼓膜を叩くものがあるのだ
このようなときめき
このような胸さわぎを
日常に感じることがあるだろうか
寒々としたことばかりの社会で
歓喜の瞬間を待つ心の準備を
足踏みしながら整えたことがあるか

駒大苫小牧の田中、早実の斎藤両投手の好投により両者一歩も引かない情況で、試合の決着は、翌日に持ち越されました。田中投手とはニューヨーク・ヤンキース田中将大投手、斎藤投手とは日本ハムファイターズの斎藤佑樹投手です。皆さんのなかにも、あの熱戦の模様が頭の中によみがえってくる方がいらっしゃるのではないでしょうか。

explosion of U.S. space shuttle “Challenger”, Journal of Low Frequency Noise & Vibration, Vol.5, No.3, pp.100-103（1986）
・田矢晃一，金沢純一，小村英智，石井泰：音響式体積計の開発研究，日本音響学会講演論文集，pp.503-504（1995.9）
・鳥越一平：低周波の音を利用した計測器，日本機械学会誌　Vol. 111，No.1081，pp.1005（2008.12）
・井關幸仁：音響式容積計・体積計，騒音制御，Vol.38, No.1，pp.46-49（2014.2）
・国立研究開発法人 農業・食品産業技術総合研究機構：比重を利用した廉価なモモ果実糖度の非破壊推定法―
http://www.naro.affrc.go.jp/project/results/laboratory/fruit/1996/fruit96-015.html
・音響式体積計を利用したブドウ果実糖度の非破壊推定技術―
http://www.naro.affrc.go.jp/project/results/laboratory/fruit/1997/fruit97-017.html

【おわりに】

・阿久悠オフィシャル HP：「あんでぱんだん 2006 甲子園の詩　特別編 03」―
http://www.aqqq.co.jp/2006koshien/2006koshien03.html
・阿久悠：完全版 甲子園の詩　敗れざる君たちへ，p.438，『二〇〇六年　いい夏』（幻戯書房，東京都，2013）

— The response of biological tissue to low frequency noise, Proceedings of 11th International Meeting on Low Frequency Noise and its Control, pp.295-308（2004）
・黒田英司：爆発・砲撃・発破と低周波音，騒音制御，Vol.23, No.5, pp.334-338（1999.10）
・萩原良二：低周波空気振動防止対策事例集，日本騒音制御工学会，技術レポート第6号，pp.31-32（1986.5）
・環境省水・大気環境局大気生活環境室：よくわかる低周波音（2019.3）
・（一社）日本冷凍空調工業会：家庭用ヒートポンプ給湯機の据付けガイドブック（2012.2）
・（株）アイ・エヌ・シーエンジニアリング Web（参照 2020.3.20）— https://www.ihi.co.jp/inc/
・守岡功一, 中野有朋, 高塚英雄：気流による超低周波音の発生と防止―ノイズサプレッサーから発生する超低周波音と防止対策―, 騒音制御, Vol.4, No.4, pp.192-195（1980.8）
・環境省環境管理大気生活環境室局：低周波音問題対応の手引書，pp.75-76（2004.6）
・山崎興樹，谷中隆明，富永利昭：振動ふるいからの低周波空気振動による定在波の発生とその対策，騒音制御，Vol.7, No.2, pp.37-40（1983.4）
・公害等調整委員会事務局：ある老人が感じる原因不明の騒音について，公害苦情処理事例集，22，pp.106-107（1994.3）
・落合博明：低周波音測定，音響技術，No.156，pp.28-33（2011.12）
・桑原厚：松戸市における家庭用ヒートポンプ給湯機の騒音・低周波音・振動測定事例について，総務省 公害等調整委員会．機関誌「ちょうせい」第67号（2011.11）
・環境省：平成22～24年度　環境省環境研究総合推進費（戦略指定研究領域）研究課題「S2-11 風力発電等による低周波音の人への影響評価に関する研究」報告書

【第4章】
・大熊恒靖：超低周波音の測定方法，音響技術，Vol.6，No.1，pp.9-16（1977.1）
・日本音響学会編：音響学講座，騒音 / 振動（コロナ社，東京都，2020），p.309
・大熊恒靖：低周波音測定器，騒音制御，Vol.4，No.4，pp.51-54（1980.8）
・環境庁大気保全局：低周波音の測定方法に関するマニュアル，p.12（2020.10）
・環境省環境管理局大気生活環境室：低周波音問題対応の手引書，pp.70-73（2004.6）— https://www.env.go.jp/air/teishuha/tebiki/
・井上保雄：騒音は音で消せ，IHI 技報，Vol.51，No.1，pp.16-19（2011.3）
・井上保雄：ANC の産業機械への応用（製品の動向など），（一社）日本機械学会 講習会資料，No.15-103（2015.10）
・大丸防音株式会社　カタログ
・所司邦弘：インフラサウンドの工業分野への応用，騒音制御，Vol.16, No.6, pp.286-288（1992.12）
・熱音響発電ディバイス　東海大学　長谷川研究室 Web.（参照 2020.3.20）— http://www.ed.u-tokai.ac.jp/thermoacoustic/
・曽根原光治，早坂朗，佐藤文男，武藤満：油圧駆動式低周波水中音源装置の性能，石川島播磨技報，Vol.42, No.2，pp.92-96（2002）
・新事業推進部：やさしい音で海底資源を探す，IHI 技報，Vol.56, No.1，pp.14-15（2016）

【第5章】
・大熊恒靖，低周波音計測の変遷，日本音響学会　騒音・振動研究会資料　N-93-49.
・X. Yang and J. Xie.:Detection and analysis of the infrasonic waves attached to the tragic

参考文献

【第 1 章】

・石井晧，岡部隆男：昭和 61 年伊豆大島噴火に伴う空気振動について，その 2，千葉県内に見られた空気振動現象とその周波数特性，騒音制御，Vol.11，No.4，pp.47-48 (1987.8)
・日本音響学会編：音響工学講座⑥，聴覚と音響心理（コロナ社，東京都，1978），pp.200-201
・五十嵐寿一：Infrasound（超低周波音）について，航空公害，Vol.6, No.1, pp.35-43 (1979)
・土肥哲也，加来治郎：可搬型低周波音発生装置の開発，日本音響学会秋季研究発表会講演論文集，pp.955-956（2010.9）

【第 2 章】

・ISO 389-7 : Acoustics — Reference zero for the calibration of audiometric equipment — Part 7：Reference threshold of hearing under free-field and diffuse-field listening conditions（International Organization for Stadardization, Geneva, 2019）
・ISO 7029 : Acoustics — Statistical distribution of hearing thresholds related to age and gender（International Organization for Standardization,Geneva, 2017）
・K.Kurakata, T.Mizunami, H.Sato and Y.Inukai : Effect of ageing on hearing thresholds in the low frequency region, Journal of Low Frequency, Noise, Vibration and Active Control, Vol.27, No.3, pp.175-184（2008）
・T.Watanabe and H. Møller : Low frequency hearing thresholds in pressure field and in free field, Journal of Low Frequency, Noise, Vibration and Active Control, Vol.9, No.3, pp.106-114（1990）
・J.Ryu, H.Sato, K.Kurakata and Y.Inukai：Hearing thresholds of low frequency complex tones of less than 150 Hz, Journal of Low Frequency Noise, Vibration and Active Control, Vol.30, No.1, pp.21-30（2011）
・山崎和秀，時田保夫：低周波音領域音波の睡眠に対する影響，日本音響学会講演論文集，pp.423-424（1982.10）
・環境庁大気保全局編：低周波空気振動調査報告書，低周波空気振動の実態と影響 (1984).
・D.L.Johnson：Auditory and physiological effects of infrasound, Proceedings of Inter-noise 75, pp.475-482（1975）
・岡本健，吉田昭男，井上仁郎，田丸浩志：超低周波音の人体に及ぼす影響，J.UOEH（産業医科大学雑誌）特集号，pp.135-148（1986）

【第 3 章】

・振動子のハウリング：「高性能骨導素子を用いた骨導補聴器の開発」— http://www.med-device.jp/pdf/development/vp/H24-059_25.pdf
・米川善晴：振動の生体反応，人間と生活環境，Vol.8, No.1-2，pp.3-8（2001）
・山田伸志，渡辺敏夫，小坂敏文：低周波音の感覚受容器，騒音制御，Vol.7，No.5，pp.36-38（1983.10）
・日本騒音制御工学会編：Dr.Noise の「読む」音の本，バリアフリーと音（技報堂出版，東京都，2015）
・例えば，M.A. Pereira, J.J.Melo, M.C.Marques and N.A.A.C.Branco.：Vibroacoustic disease

Dr.Noise の『読む』音の本
低周波音のはなし
定価はカバーに表示してあります.

2020 年 10 月 10 日　1 版 1 刷　発行
ISBN978-4-7655-3476-5 C1036

編　者　公益社団法人日本騒音制御工学会
著　者　落合博明
　　　　井上保雄
　　　　倉片憲治
　　　　森卓支
発行者　長滋彦
発行所　技報堂出版株式会社
〒101-0051 東京都千代田区神田神保町 1-2-5
電　話　営業　(03) (5217) 0885
　　　　編集　(03) (5217) 0881
　　　　FAX　(03) (5217) 0886
振替口座　00140-4-10
http://gihodobooks.jp/

日本書籍出版協会会員
自然科学書協会会員
土木・建築書協会会員
Printed in Japan

キャラクターデザイン　武田 真樹
装幀　冨澤崇／印刷・製本　昭和情報プロセス